Osprey Military New Vanguard
オスプレイ・ミリタリー・シリーズ

「世界の戦車イラストレイテッド」
32

M3ハーフトラック 1940-1973

[著]
スティーヴン・ザロガ
[カラー・イラスト]
ピーター・サースン
[訳者]
三貴雅智

M3 Infantry Half-Track 1940-73

Text by
Steven J Zaloga
Colour Plates by
Peter Sarson

大日本絵画

目次 contents

3 設計と開発
DESIGN AND DEVELOPMENT

M3ハーフトラックの仕様　初期の実戦投入例　品種の改良
M2A1/M3A1ハーフトラック　レンド・リース法　半装軌式トラック
戦術面での改善　実戦場のハーフトラック―1944年　歩兵輸送車の比較
インターナショナル・ハーフトラック　イスラエルのハーフトラック

36 ハーフトラック派生型
HALF-TRACK VARIANTS

M3・75mm戦車駆逐車　T48・57mm戦車駆逐車　T30・75mm自走榴弾砲
T19・105mm自走榴弾砲　M13・M16自走高射砲　M15自走高射砲
M4自走迫撃砲

25 カラー・イラスト
colour plates

50　カラー・イラスト　解説

◎著者紹介
スティーヴン・ザロガ　Steven Zaloga
ユニオン・カレッジで歴史学士号、コロンビア・ユニヴァーシティで同修士号を取得した。彼はTael Group Corp.の上級アナリストであり、ミサイル・テクノロジーと生産への現在の発展状況について同社が刊行している業界誌、World Missiles Briefingの編集長である。同時に、Institute for Defense AnalysesのStrategy、 Forces, and Resources Divisionの部外スタッフでもある。軍事テクノロジーと軍事史の著作が多数ある。

ピーター・サースン　Peter Sarson
世界でもっとも経験を積んだミリタリー・アーティストのひとりであり、英国オスプレイ社の出版物に数多くのイラストを発表。細部まで描かれた内部構造図は「世界の戦車イラストレイテッド」シリーズの特徴となっている。

M3 ハーフトラック　1940-1973
M3 Infantry Half-Track 1940-73

DESIGN AND DEVELOPMENT
設計と開発

　第一次大戦に始まる機甲戦の戦訓は早くも、戦車が単独では戦うことの困難な兵器であることを明らかにしていた。機甲戦術が進化するにつれて機械化歩兵の存在は、今日のいわゆる「諸兵化連合」ドクトリンの鍵となる要素になっていたのである。第二次大戦当時のアメリカ軍にあって、歩兵の機械化を推進したもっとも重要な技術的特色は、M3半装軌式兵員輸送車の開発にあった。M3ハーフトラックおよびその派生車両は、戦争の全期間を通じて機甲歩兵の中核を構成したのである。

　実のところ、歩兵機械化の必要性は1930年代にはいるまで、あまり理解されていなかった。アメリカ陸軍を例にとると、緊縮財政による国防予算削減の煽りをうけて戦車開発は停滞するところとなり、第一次大戦の骨董品であったModel 1917・6トン戦車が標準装備の戦車として、10年以上もその座にありつづけたのである。6トン戦車はスピードが遅かったので、歩兵はたやすくこれに続行して、戦闘にはいることができた。ところが1930年代も後半となり新型軽戦車が登場し始めると、それらは徒歩の歩兵では追いつけないほどの速力を、ますます有するようになっていった。トラックを用いれば、歩兵の自動車化は簡単に実現できた。しかし戦場においては、トラックはふたつの重大な欠点をかかえることになった。装甲が施されていないことで銃砲火に対して弱く、ま

1941年9月、ルイジアナ州リースビル付近での演習に参加した、第14野戦砲兵連隊のM2半装軌車。米軍ハーフトラックの常で、3挺もの.30口径ブローニング水冷機関銃といった装備規定以上の武器を備えている。同連隊はM2半装軌車をM1897型75mm野砲の牽引車として使用した。写真にみる通り初期のハーフトラックは、後の生産型では当たり前となった噛み込み防止のリングを前輪ホィールに装着していない。（US Army Signal Corps）

た細いタイヤをはいていることから、装輪車の接地圧は装軌車よりもずっと高かったのである。このため、不整地走破能力、とりわけ雪中や泥地でのそれはひどいものでしかなかった。

　問題の解決法のひとつとして、戦車と同じ全装軌式の車両により歩兵を戦場へ送りこむ方法がある。だが米陸軍は、この方式の車両を大量に配備することは軍事予算を食い尽くすことになるので、全装軌式案に門限払いをくらわした（イギリス陸軍は第二次大戦参加国で唯一、全装軌式兵員輸送車を装備した国となった。有名なユニバーサル・キャリアーである）。その代わりに、開発努力はハーフトラックの採用へと注がれた。アメリカの技術史において、ハーフトラックの起源はホルト・トラクター社による1914年の発明へとたどることができる。この年に同社は商用トラックの後部車軸を、装軌装置に置きかえる実験をおこなった。ハーフトラック方式の利点は、履帯の効果で車両の接地圧が下がるので、雪中や泥地での機動性を向上できた。1920年代から1930年代にかけて、半装軌式トラックの開発実験はさまざまな特殊用途向けに大々的におこなわれ、とりわけ砲兵牽引車用が追求された。1935年から1936年にかけて作られたT9半装軌式トラックは、車両技術の進化における記念碑的存在とよべるもので、駆動された前輪タイヤと後部履帯装置とを同期化することにより、より優れた不整地走破能力がえられることを証明した。初期のハーフトラックが抱えていた重大な欠点は、履帯の寿命が短いことと装輪車に比べてスピードが遅いことであった。

　米陸軍が装備した最初の装甲ハーフトラックの開発は、歩兵科ではなく騎兵科の要求により推進された。騎兵科は偵察任務に装輪装甲車を装備していたが、その大重量と接地圧の高さのゆえに、雨天時に装甲車が泥中にスタックして立ち往生してしまうという問題に直面していた。1938年、一両のM3スカウトカー（偵察車）を改造してT7ハーフトラックが試作された。これはT9半装軌式トラックのティムケン製装軌車台アセンブ

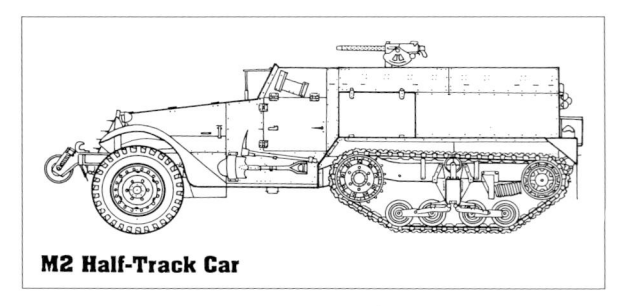

M2半装軌車

1943年3月23日、エル・ゲタールを巡る戦いの最中、M2半装軌車の前で地図を検分する第601戦車駆逐大隊のボーリック大尉とジョイア中尉。この戦いの間、同大隊は後方に見えるものも含め36両を装備したM3・75mm戦車駆逐車の内、21両までをも失ったが、それと引き換えに米第1歩兵師団に猛攻をかけたドイツ戦車隊に甚大な損害を与えている。
（US Army Signal Corps）

M3装甲兵員輸送ハーフトラック

M3 Half-Track Personnel Carrier

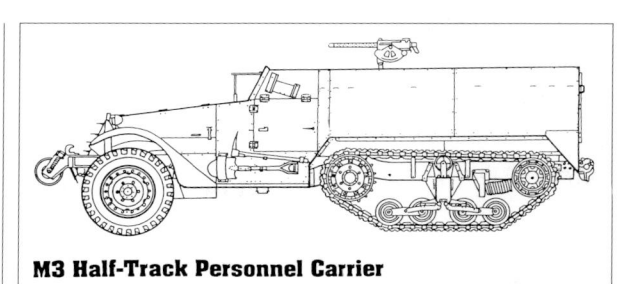

リーを、M3スカウトカーに移植したものであった。この開発によりコンセプトの正しさは確認されたが、同時に現行のM2A1スカウトカーは完全に馬力不足であることが証明されてしまった。つづく1939年12月には砲兵科から、新たに編制される機甲師団の砲兵部隊用として、半装軌式の牽引車を要求する声があがった。「半装軌式偵察車T14」として認定された同車は、T7と良く似ていたがより強力なエンジンを備えていた。1940年の夏にT14の開発が続けられる間、米陸軍は早くも産業界に対し、砲兵科要求の105mm榴弾砲の牽引および弾薬運搬用で、完成の暁には「半装軌車M2」として制式となる、新型車424両への競合入札の応募を呼びかけた。のちにはこのM2ハーフトラックの用途拡大が決定され、機甲歩兵連隊での機関銃分隊の運搬と、専用車両（のちのM8装甲車）が配備されるまでの機甲偵察部隊での使用が追加された。

T14の開発中、一部の歩兵将校が新型車を試し、これが歩兵機械化の困難を解決する有効な手段であることを確信した。そこで兵器局は1940年の初めにダイヤモンドTモーター社との間に、T8兵員輸送ハーフトラックの開発契約を結んだ。T8は基本的にM2半装軌車と同じものであったが、後部兵員室が延長されていたので搭載人員数が多かった。のちに制式化が決定し、1940年8月に「M3半装軌式兵員輸送車」となった。

M2およびM3ハーフトラックは、ちょうどアメリカが大戦に巻き込まれる直前の、陸軍の大拡張期に開発されたことになる。ヨーロッパとアジアにおいて戦争の火の手が燃え盛り始めたことで、ルーズベルト政権はアメリカ参戦の日が間近に迫っていることを悟っていた。陸軍大拡張の柱に据えられたのは、アメリカ初の機甲師団群の創設であり、そのためには莫大な量の装備品が必要であった。米陸軍にはこれほどの大規模な機甲部隊を整備した経験がなく、ヨーロッパの陸軍にその範が求められた。1940年5月に始まったフランス戦で、早くも翌月にドイツに大勝利をもたらしたのは、ドイツの誇る機甲師団であった。さっそくこれは米機甲師団のモデルとして研究された。ドイツの機械化歩兵はSd.Kfz.251型装甲ハーフトラックを装備しており、この事実は米軍関係者のM3ハーフトラックへの関心を強めたのである。

M2半装軌車の車内レイアウトを示す上方からの一葉。M2は短い車体、車体中央の大形収納庫、機関銃用滑動式銃架レールが特徴である。M3では中央に置かれた燃料タンクは、車体後部左右両隅に設けられている。（White/Volvo）

機甲部隊も少なくかつ機甲歩兵が存在しなかったことで、ヨーロッパ戦線に比べて太平洋戦線ではハーフトラック装備はあまり一般的でなかった。写真のM2半装軌車は海兵隊によって無線通信車として使用されているもので、1944年2月1日のマーシャル群島での撮影である。(US Army Signal Corps)

　米陸軍は当初、オートカー社のみに最初のM2ハーフトラックの生産を発注していたが、来る1941年には膨大なものとなる需要を一社の生産ではまかないきれないと判断し、1940年9月に計画変更を決心した。この結果、入札の次点候補であったホワイト・モーター社とダイヤモンドTモーター社の二社に対しても、発注が追加された。同年9月28日、陸軍兵器局はメーカー三社の首脳を会議に招き、三社の作るハーフトラックはすべて同一の規格の下で完成され、完全な部品互換性をもつことを徹底する旨、要求した。こうして1940年10月17日にM2半装軌車とM3半装軌式兵員輸送車の量産が公式に承認されたのである。

　1940年7月には、第一陣となる機甲歩兵連隊の編成が着手されたが、装備すべき戦車やその他の装甲車両はいまだ完成していなかった。1941年を通じて14個の機甲歩兵連隊が創設され、ハーフトラックは完成したそばから部隊へ送られていった。陸軍のハーフトラック初号車の領収は、M2が1941年5月、M3が1941年6月のことである。

M3ハーフトラックの仕様
M3 Half-Track Configuration

　M2とM3ハーフトラックの基本的な車体構成はまったく同じである。一般のトラックと同様に、車体前部にはエンジン、中央には操縦区画、後部には兵員区画が置かれた。両車とも主機関はホワイト160AX型ガソリンエンジンである。タイヤ式の前車軸は、ティムケンF35-HX-1型デフ・ギアにより駆動され、8：25-20規格のコンバットタイヤを履いていた。後車軸にはティムケン56410-BX-67型ボギーが装備され、継ぎ目なしベルト式のゴム製履帯が装着された。動力伝達はスパイサー3641型トランスミッション/トランスファーケー

1944年には、M2A1半装軌車は特定の任務に使われることが普通であった。写真は、イギリスの6ポンド対戦車砲のライセンス生産版である、M1型57mm対戦車砲の牽引車として使われているもの。1944年10月15日、連合軍が最初に到達したドイツの大都市であるアーヘンを巡る激戦の最中、対戦車砲の牽引を解いているところである。車両の地雷ラックには、取り外された対戦車砲用の側面装甲板が差し込まれていることに注意。これは対戦車砲牽引車ではよく見られるやり方である。(US Army Signal Corps)

左頁下●M2の滑動式銃架レールに換えてM49機関銃架を改修装備したM2A1半装軌車。写真の車両がM2からのアップグレード改修車であることは、新造M2A1が備えているはずの地雷ラックが車体側面に装備されていないことで判る。1945年1月にフランスで撮影されたこの第20軍団の所属車は、オリーブドラブの塗装の上に即席に生石灰を塗りたくって冬季迷彩としている。(US Army Signal Corps)

スによった。履帯は鋼ケーブル製の基材を鋳込んだ硬質ゴム製で、金属製の履帯ガイドが中央に列を作っている。操縦装置は市販トラックと極力同じ方式とされ、操縦手となる兵士に特殊な操縦教育を施さずに済むよう配慮がなされた。M2とM3の双方の車体前部にウィンチが装備可能であった。その用途はさまざまであったが、とりわけ泥中にはまった車両を引きずり出すのに役立った。最高速度は驚くことに、時速45マイル（72km/h）と高速である。

　乗員数は、M2で10名、M3で13名であった。車内のレイアウトは両車で大きく異なっている。M2は当初、砲兵牽引車および弾薬運搬車として開発されたため、操縦区画のすぐ後方の車体中央部左右に2個の大形収納庫が設けられていた。この収納庫は車外からも側面の装甲ドアを通して積載物を出し入れすることができた。このため、操縦区画と兵員区画は隔てられる形となり、さらに収納庫に挟まれた狭い通路には、背合わせ式に前後を向くシートが設けられていた。燃料タンクは兵員区画後部の左右隅に置かれた。また、M2では.50口径（12.7mm）M2ブローニング重機関銃用に、滑動式銃架レールが兵員区画内周にぐるりと巡らされていたので、M3のような乗降ドアを車体後部に設けることができなかった。

　これに対しM3では、操縦区画後部は完全に開放され、兵員区画には内向きに着座する片側5個の一対のシートが設けられていた。燃料タンクは操縦区画後部左右の、ほぼM2での収納庫位置に置かれた。M2ブローニング重機関銃は車体中央に設置されたピントル式旋回銃架に据えられた。銃架は二種類あり、ひとつはより高い上方射角をとれるM32対空銃架、他は水平射撃に向いたペデスタル式銃架である。車体後面には兵員の乗降を容易にする小ドアが設けられていた。前部ウィンチはM2にも装備可能であっ

1942年11月10日、仏領北アフリカ進攻に伴い、モロッコのマザガンを通過する「アババ」号。写真の車両は新造のM3ハーフトラックで、1942年8月に認可されたばかりの地雷ラックを側面に装着している。海辺を渡って上陸したため深水渡渉用キットを装着しており、側面上方へとのびる延長排気管がその証である。
（US Army Signal Corps）

たが、実際にはM3ハーフトラックが装備した例が多い。M2の滑動式銃架レールと同様、M3の二種類の銃架も部隊には不評であった。

初期の実戦投入例
Early Combat

最初の予定では機甲師団の機甲歩兵連隊用とされていたものの、M3ハーフトラックは実際には、関係する他の部隊にも活躍を望まれて広く配備された。1941年11月、臨時編成戦車集団がフィリピンに派遣された際、同部隊は46両のM2/M3ハーフトラックを装備していた。それらは集団司令部および偵察中隊で使用された。面白いことに、同部隊は大戦中の米軍戦車部隊で唯一、イギリスのブレン・キャリアーを装備した部隊であった。これらキャリアーはマレーへ向けて運ばれていたものが、1941年12月7日の太平洋戦争開戦に伴い、マニラへと急遽向け先を変えられたものであった。配備当初のM2とM3は共通する欠陥をみせた。前輪サスペンションの板バネは、不整地走破時に折れやすかった。また、履帯が脱落しやすいきらいがあり、動力伝達系とシャシーフレームにも問題があった。履帯脱落の問題はのちに、未熟な乗員が履帯の緊張度調整を忘れていたことと、履帯ユニット各輪のアラインメントが不良であったことに起因すると判明した。こうした技術報告はフィリピンから無線で送られ、兵器局の手により生産中の車両の改善に役立て

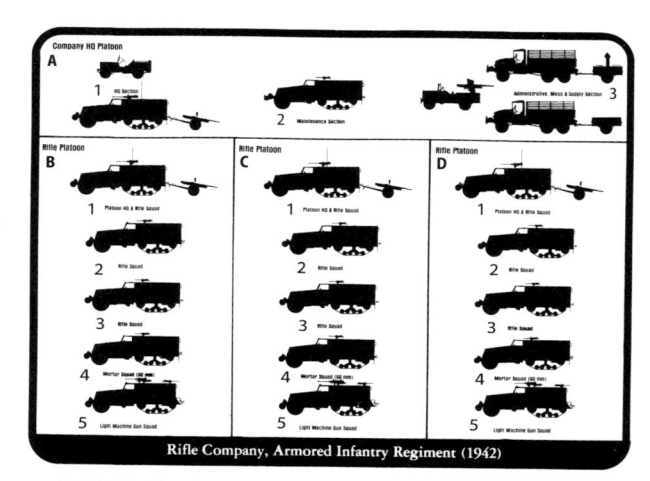

歩兵中隊、機甲歩兵連隊（1942年型）の編制
A 中隊本部小隊　1．指揮班　2．整備班　3．管理・糧食・補給班

B 小銃小隊
1．小隊本部・小銃分隊
2．小銃分隊
3．小銃分隊
4．迫撃砲（60mm）分隊
5．軽機関銃分隊

C 小銃小隊
1．小隊本部・小銃分隊
2．小銃分隊
3．小銃分隊
4．迫撃砲（60mm）分隊
5．軽機関銃分隊

D 小銃小隊
1．小隊本部・小銃分隊
2．小銃分隊
3．小銃分隊
4．迫撃砲（60mm）分隊
5．軽機関銃分隊

1943年7月25日、シシリー島のレベラをゆく第2機甲師団第82偵察連隊の「コクラン」号。写真のM3は地雷ラックを装着しているが、1943年2月には既生産車両用の野戦改修キットが認定されていた。写真に見えるヘッドライトは民生車両用の既製品で、新造のM3には1942年11月から着脱式ヘッドライトが装備されるようになっている。ゆえに同車はアップグレード改修車である。
(US Army Signal Corps)

られた。臨時編成戦車集団の将校たちは、ハーフトラックの装甲が薄すぎることと上面が開放されていることを酷評した。それでもM2とM3はブレン・キャリアーよりは好まれた。イギリス製のキャリアーは小さすぎて故障が多く、敵火に対して脆かったのである。

M2/M3ハーフトラックの予定されたとおりの任務による実戦デビューは、1942年11月にフランス領北アフリカへの上陸を敢行した「トーチ」作戦で果たされた。1942年当時の米機甲師団は、2個機甲連隊（各々ハーフトラック100両装備）と230両のハーフトラックを装備する1個機甲歩兵連隊を有していた。ハーフトラックは砲兵と偵察部隊を含む師団の諸隊にあまねく配備され、1942年型編制・装備表（TO&E）には733両が定数とされている。ハーフトラックをもって歩兵戦闘の初陣を飾ったのは、第1機甲師団所属の第6機甲歩兵連隊で、そもそも1940年5月に陸軍で最初に機械化された由緒ある連隊であった。同連隊は1943年1月から2月にかけて戦われたシジブジとカセリーヌ峠の激戦で、大損害を喫している[訳注1]。

ハーフトラックは将兵に激しく嫌われており、米軍の戦傷章の俗称にちなんだ「パープルハート・ボックス」というおぞましいあだ名をつけられてしまった。批難は主に、天井装甲が無いためにドイツ砲兵の使う空中炸裂弾に無防備となることと、ドイツ軍の重機関銃弾に装甲がたやすく貫徹されてしまうことに集中していた。あるとき、オマー・ブラッドレー将軍が若い歩兵に、ハー

訳注1：1942年11月8日、連合軍は北アフリカのドイツ軍の背後を衝く形で、フランス領モロッコ、アルジェリアに上陸（「トーチ」作戦）を敢行し、ドイツ軍とイタリア軍を挟み込んだ。米軍はドイツ軍の重要な補給拠点であるチュニジアの港湾、とりわけその橋頭堡であるチュニス占領を目指す。これに対し、アフリカ戦線の失陥を恐れたドイツ軍もティーガー重戦車装備の大隊を含む増援部隊を続々と送り込んだ。1943年2月13日、第5機甲軍は戦闘未経験のアメリカ軍第1機甲師団に攻勢をかけ、ティーガーの攻撃を受けたアメリカ軍は戦車150両を撃破され、戦死者129人および2000人以上の捕虜、行方不明者を出した。そして、2月14日にはドイツ軍の攻撃で戦いは再度本格化し、アメリカ第1機甲師団はチュニジアのカセリーヌ峠で叩きのめされた。

M3装甲兵員輸送車の車内レイアウトを明瞭に示す一葉。座席数を増やすためにM2半装軌車に比べて車内容積は大きくとられ、延長された兵員室の後部には乗降ドアが設けられた。機関銃用のペデスタル式銃架は不評であり、M3A1ではM49リングマウント式銃架に換装された。(White/Volvo)

フトラックの側面装甲板はドイツ軍の機関銃火で貫徹されてしまうのか否かを尋ねた。兵士は（皮肉以上のものをたっぷりとこめて）「いいえ、閣下。そのようなことはありません。しかし実を申しますとたいていの場合、敵の銃弾は片側の装甲板を貫くだけで、反対側の装甲板を貫通できずに、ちょっとの間車内を跳ね回るのであります」と返答した。歩兵学校はハーフトラックの整備にかかる時間の長さに頭を痛めていた。さらに、通常の2トン半トラックに比べて積載兵員数が少ないために、路上の行軍縦隊を無駄に長くする代物だと感じていた。こうした見解は実戦報告書へと集約され、「ここまでの経験は、高価な装甲車両により歩兵を運搬することを正当化するものではなく、整備は部隊に重荷であり、防護に関しては……爆撃と砲兵射撃に対しては事実上丸裸も同然である」と結論づけられていた。

　ハーフトラックも含めて米軍兵器全般に関して巻き起こった批判について、米軍首脳とりわけオマー・ブラッドレー将軍は、これにまったく同意する気はなかった。将軍の見方では、高級将校の中に機械化歩兵の特性を理解していないものが多すぎるのであり、整備負担を巡る批難は新戦術に対する頑迷な偏見が形を変えて噴き出したものと思われた。ブラッドレーは在北アフリカの米軍歩兵部隊はいまだ未熟であると認め、問題の原因の多くは、歴戦のドイツ・アフリカ軍団を相手に戦うには、米陸軍の戦備態勢がきわめて不十分であるという事実に求められると理解していた。ブラッドレー自身のハーフトラックに対する評価は、「……十分な性能を有する信頼のできる機械装置である。現在の悪名はこれをありとあらゆる任務に用いようとした、我が将兵の運用経験の不足がもたらしたもの」であった[訳注2]。

　1943年のシシリー島進攻「ハスキー」作戦[訳注3]が終わる頃になると、ハーフトラックへの評価の風向きは変わり始めていた。相変わらず、第2機甲師団長のヒュー・ギャフィー将軍などは、第41機甲歩兵連隊の「ジプシー・キャラバン（ジプシーの荷馬車の隊列）」は2トン半トラックに装備変換してもっと隊列を短くすべきだと論じていた。しかし、機甲歩兵自身の考えは変化し始めていた。機甲歩兵連隊の多くは若い将校に率いられており、1941年から1942年にかけて軍の支配的勢力となっていた戦前世代の将校たちよりも、革新的技術に親しみを感じうまく使うことができたのである。そのひとり、シドニー・ハインズ大佐は、ハーフトラックは機甲歩兵に、トラックでは踏み入ることのできない地形を踏破して、戦車に追随する能力を付与するものであると主張した。何にもまして、限界がすでに判明してはいるものの装甲防護が与えられたことにより、ハーフトラックはその搭乗歩兵をトラックで運んだ場合よりも、ずっと目標の近くで降車させることができた。さらに機甲歩兵の擁護論者は、目標奪取に際して徒歩突撃を敢行する際にも、ハーフトラックは歩兵の直後に続行して支援をおこなえると強調した。また、ハーフトラックが歩兵と密接して行動するために、歩兵は重い携帯装具を車内に残して戦闘に加わることができた。このことは機甲歩兵の戦闘力維持に役立った。重い装具をすべて背負っておのれの足で運ぶ伝統的な歩兵は、すぐに疲労したからである。実のと

ブーゲンビルで戦う第37偵察小隊のM3ハーフトラック、1944年3月10日の撮影。比較的に後期の生産分に属するもので、着脱式ヘッドライトを装備している。武装は小銃小隊の公式な一般装備である.30口径機関銃1挺だけである。.50口径ブローニングM2重機関銃は、小隊長車だけが装備した。(US Army Signal Corps)

訳注2：オマー・N・ブラッドレーは、歩兵学校らしく派手はないが堅実な作戦指揮ぶりで、陸軍士官学校の同期生アイゼンハワーから大きな信頼をおかれた。英軍司令官のモントゴメリーとの仲はけっして良くなかったが、チュニジア、シシリー戦ではアメリカ第2軍を率いた。現用のM3歩兵戦闘車ブラッドレーの名は同将軍にちなむものである。

訳注3：「ハスキー」作戦。連合軍のヨーロッパ侵攻（反撃）にあたって、北西ヨーロッパからの進撃を主張していたアメリカに対し、チャーチルは弱体化したイタリアの攻略から始めることを主張。最終的にアメリカもこれを承諾し、1943年7月10日にシシリー島上陸作戦「ハスキー」が開始された。兵力に充てられたのはパットン将軍率いるアメリカ第7軍と、モントゴメリー将軍率いるイギリス第8軍であった。

ころ、新部隊が古手の将校たちに嫌悪感を抱かれた大きな理由のひとつは、その雑然とした外見であった。兵士の装具を次々に積み上げたハーフトラックは必然的に物置小屋のようになり、高級将校たちの目には、見苦しく軍の規律を乱すものと映ったのだ。論争が繰り返される中、陸軍地上軍（AGF）は機甲歩兵コンセプトの支持を続け、その正しさはやがて、フランスの戦場で証明されることとなったのである。

品種の改良
Improving the Breed

　北アフリカ戦の戦訓をもとに、戦術的および技術的な改良がM2とM3に加えられることとなった。当然のことながら、装甲をどうするのかが論議の焦点となった。基本装甲は厚さ1/4インチ（6.35mm）の表面硬化処理装甲板で、200ヤード（183m）以遠から放たれたドイツ軍の7.92mm標準徹甲弾（AP）に耐えられるものとされた。操縦手前面の装甲バイザーは厚さ1/2インチ（12.7mm）であった。兵器局が装甲強化に二の足を踏んだのは、極度の重量増加が車両の機動性を大きく損なうことを理解していたからであった。不整地走破能力の向上に注目して、より強力なサスペンションとエンジン、複雑なトランスミッションをもつ新設計の車両を開発することは、非現実的な考えと目された。なぜならM2とM3の開発にあたっては、入手の容易な市販自動車部品を極力採用することで、大量生産を実現可能にすることが図られていたからである。もしも、特別頑丈に設計された軍用規格の部品を採用することになれば、兵器単価は一気に跳ね上がるため、ハーフトラックの調達数は激減することになる。一例を挙げると、M3ハーフトラックの単価は10310ドルであったが、市販部品の使用が少ないM8装甲車の単価は22587ドルと高かった。兵器局は、T16試作車を利用して1943年に装甲天井の限定的な試験を実施したが、結果は装甲強化への反対論を裏付けするだけのものでしかなかった。T16への天井装甲付与の公式報告書は、「わずかに防護が強化されることは、（乗降および視察能力に）制限が増えることに見合うものではない」と結論している。

1943年7月、シシリーでの第1歩兵師団「ビッグ・レッド・ワン」のM3兵員輸送車。中期の生産型に属するもので商用車型のヘッドライトと、後付けの地雷ラックを装着している。（US Army Signal Corps）

兵器局はハーフトラックの装甲強化への圧力に抵抗する一方で、一連の改良プログラムを実施している。変更点に関しては別表に示す。

M2A1/M3A1ハーフトラック
The M2A1/M3A1 half-tracks

北アフリカ戦で確認された大きな問題点のひとつに、M2の滑動式銃架レールとM3のピントル式旋回銃架があげられた。滑動式銃架レールは射界外に目標を突如発見した場合に、機関銃の取り回しがきわめて面倒であり、また車体中央に据えられたピントル式旋回銃架は、兵員輸送中は銃口が兵士の間近にあるために危険が大であった。1943年4月、兵器局はM2E6ハーフトラック試作車を完成させたが、これは操縦区画の右座席上方にトラック用のM32リングマウント銃架を装着したものであった。この試作品はM49銃架として完成され、1943年5月に制式となった。M49銃架を装着したハーフトラックはそれぞれM2A1、M3A1として認定し直された。M2A1とM3A1の生産は1943年10月に開始された。総計で5062両のM2がM2A1に改造されている。

レンド・リース法
Lend-Lease

1942年初めにアメリカが連合国の兵器援助強化に乗り出したことで、ハーフトラックの需要はさらに膨れ上がり、もはやメーカー三社では補いきれなくなった。1942年2月11日に陸軍補給プログラムは、1944年末までに188404両のハーフトラックが発注される見通しを明らかにした。新たな生産メーカーとして、インターナショナル・ハーベスター（IHC）社が加わったが、同社の生産参加のために重大な設計変更が必要となった。1/4インチ（6.35mm）厚の表面硬化処理装甲板に変えて、新型ハーフ

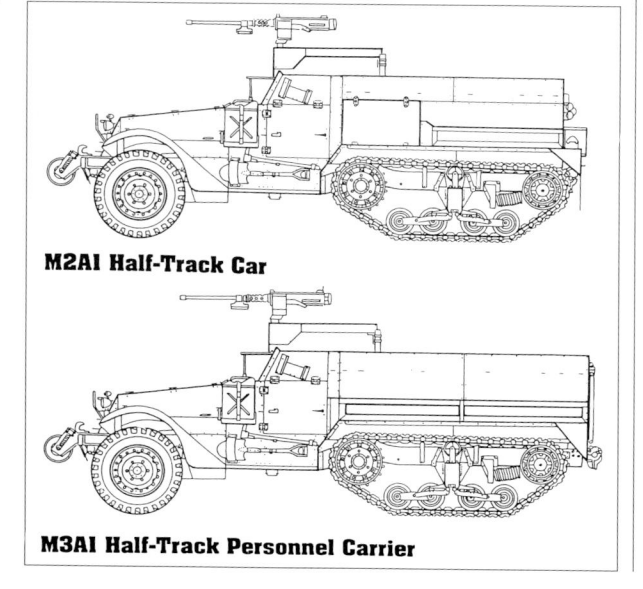

表1：ハーフトラックの改良歴

月/年	改良項目
5/42	強化型ボギースプリングに変更
6/42	ラジエーターファンの改良
7/42	車体ハンドグリップの導入
8/42	泥および雪中でのトラクション向上のため、グローサーに替えて履帯チェーンを採用
8/42	キャブレター燃料フィルターを変更
8/42	二連式エンジン吸気クリーナーの採用
8/42	新造車両への地雷ラックの装着
9/42	冷却能改善のためラジエーターにサージタンク追加
9/42	改良型消火器への変更
9/42	履帯脱落防止のため、遊導輪をスプリング付きのものに変更
11/42	着脱式ヘッドライトの採用
11/42	低電圧無線ノイズ用アースコンデンサーをボンド・シールディング式抵抗器に変更
1/43	タイヤ噛み込み防止用プレートの装着
2/43	自在継ぎ手ブーツの装着
2/43	配備済み車両への地雷ラックの装着
3/43	潤滑フィッティングの標準化
4/43	遊導輪ポスト強化支柱の装着
4/43	軍用規格オイルフィルターの採用
5/43	氷スクレーパー装着のための遊導輪シャックルの改修
5/43	前車軸スプリングの強化
7/43	履帯と転輪ゴム縁の合成ゴムへの変更
9/43	貨物ラックと冬期対応装備の追加

M2A1 Half-Track Car

M3A1 Half-Track Personnel Carrier

M2A1 半装軌車

M3A1 兵員輸送ハーフトラック

ドイツ国内ヴィッテンモーアで作戦行動中の、第5機甲師団第46機甲歩兵連隊所属のM3兵員輸送車、1945年4月12日の撮影。実戦参加のハーフトラックの例に漏れず、乗員の装具が山と積み込まれている。後部には1943年9月に制式となった貨物ラックが装着済みである。フロントバンパーはウィンチ付き、.50口径機関銃装備は小隊長車の証である。
(US Army Signal Corps)

トラックには5/16インチ（7.9mm）厚の均質圧延装甲板が用いられることとなったからである。装甲の接合方式は溶接式となり、これはM2E1とM3E1の試作で試されていた。均質圧延装甲板の採用による性能低下に関して、陸軍は生産メーカー増加のためと涙を呑むことにした。ハーフトラックの車重が増加する反面、M2/M3では200ヤード（183m）であった、ドイツ軍の7.92mm標準徹甲弾（AP）に対する耐弾性は300ヤード（274m）にまで低下してしまった。

　新型ハーフトラックの他の変更点は、インターナショナル・ハーベスター（IHC）社製RED-450-Bエンジン、9：00-20規格コンバットタイヤ、IHC　1370前輪アクスル、RHT-1590後軸アクスル、IHC 1856トランスファーケースの採用であった。試作車は1942年2月に、それぞれM2E5半装軌車とM3E2半装軌式兵員輸送車として発注された。量産が認可された時点で、インターナショナル・ハーベスター（IHC）社製車両には、M3と同種のものには「M5半装軌式兵員輸送車」、M2と同種のものには「M9半装軌車」の制式呼称が与えられた。M5初号車は1942年12月に完成した。M5/M9ハーフトラックはM2/M3よりも重かったが、動力性能面ではほぼ変わりがなかった。新型ハーフトラックは外観のふたつのポイントで見分けることができた。M2/M3では乗用車的な円みの強調されたデザインであった前輪フェンダーが、M5/M9では平面的でシンプルなプレス品となった。車体後部左右隅も装甲板の突き合わせ式であったM2/M3から、M5/M9では円いものとなった。またこの二系列のハーフトラックは、車体構造をまったく異にしていた。M9はM2用のショートボディーを採用しなかったし、また収納庫へ外部からアクセスするためのドアも設けていなかった。つまり、M5とM9の違いは車内レイアウトだけであり、外観だけで車種を判定することはきわめて難しい。

　M5/M9ハーフトラックは、M2/M3と同様の仕様変更と改良プログラムを適用された。1943年5月に入ると、生産の主軸はM5A1とM9A1へと移り始めた。これらはM2A1/M3A1と同じく、運転区画右座席の上方にM49プルピット（説教壇）形機関銃架を備えたものである。

　陸軍補給プログラムは1942年を通じて、以前に発表したハーフトラックの需要予測を大幅にカットした。削減の理由は、M8装甲車やM5高速トラクター（砲兵牽引車）といった、ハーフトラックに代わる専用車両の生産に目処が立ったことによるものであっ

M49機関銃リング式銃架を増設してM3A1仕様に改修された歴戦のM3ハーフトラック。第10機甲師団所属第61機甲歩兵連隊、1945年4月17日の撮影。新造のM3A1でないことは、地雷ラックの無いことで明らかである。車体後部には貨物ラックも増設されている。武装は規定外れのにぎやかさで、.50口径重機関銃1挺、.30口径機関銃2挺、内1挺は水冷銃身式という重武装である。
(US Army Signal Corps)

た。1942年2月の時点で188404両とピークにあった要求数は、1943年10月23日付けのプログラムでは87302両にまで減少していた。米陸軍がM5とM3を並行装備することで補給上の混乱を招くことを避けるために、インターナショナル・ハーベスター製のハーフトラックは「限定制式」とされ、レンド・リース法[訳注4]に基づく連合国への支援用として認定された。そのため一部には米国内での訓練用に回されたものもあったが、知られる限りではM5/M9が在外の米軍向けに戦闘用として送られた記録は無い。M5/M9の主な受けとり国はイギリスであり、生産数のおよそ半数（11017両中の5238両）を受領している。これに次ぐ受領国はソ連（420両）とカナダ（20両）である。英陸軍はハーフトラックを機械化歩兵任務にはひろく充当しなかった。当時すでにユニバーサル・キャリアーの配備が進んでいたからである。かわりにハーフトラックはいくつかの歩兵連隊の自動車化大隊に割り当てられ、15cwt.トラックに代わって6ポンド対戦車砲や17ポンド対戦車砲の牽引にあたった。さらに英軍はハーフトラックを、王立工兵用の装甲ユーティリティー車や、諸隊の装甲指揮車として運用した。

半装軌式トラック
Half-Track Trucks

　米陸軍砲兵は、105mm榴弾砲の牽引車として配備されたM2ハーフトラックに満足していたわけではなかった。ハーフトラックの不整地走破能力は理想にほど遠く、積載量もきわめて小さかったからである。マック・トラック社はすでに1941年に、砲兵牽引車要求に応えてT3重半装軌式トラックを完成させていたが、量産の認可は下りていなかった。T14開発要求の掲げた仕様が実際的では無いと判定されたのち、1942年春に兵器局はメーカー三社の提出した新型半装軌式トラックの検討に入った。これらは105mm砲の牽引、砲操作要員と弾薬の輸送に従事するものであった。新デザインは「スリークォータートラック（四分の三装軌式）」と呼ばれることもあった。これはM2/M3では障害を超越した際に、前輪と履帯部の中間部が乗り上げて「亀の子」になってしまうことがあったため、危険を避けるために履帯部が延長されたことによる呼び名であった。ダイヤモンドT社はT16、オートカー社はT17、マック社はT19の開発に着手した（T18はGM6-71ディーゼルエンジンを搭載したマック社案のもの）。3両の試作車の最初のデモンストレーションは、1943年6月25日にアバディーン試験場にておこなわれた。だがも

訳注4：1941年に制定されたアメリカの武器供与法。当初はドイツと敵対するイギリスへの援助が目的だったが、1941年4月より中国、9月よりソ連が対象に追加され、終戦までにその対象国は38カ国にのぼる。供与品は武器、砲弾のみならず、食料、衣類等多岐にわたった。

バストーニュ近郊のフォイで撃破されたIV号戦車の残骸の傍らを進む、第6機甲師団所属のM3A1兵員輸送車。1945年1月、バルジの戦いのさなかの撮影。これもM3からの改修車両で、ヘッドライトが旧式の商用車型なのがその証拠である。通常のフロントバンパーは失われているが、M3A1の特徴であるM49リング式銃架と地雷ラックの装着は済ませている。前輪タイヤと履帯には通常の冬期用スノーチェーンが巻かれ、トラクションを上げている。
（US Army Signal Corps）

はやこの時には、採用となるチャンスは完全に失われていた。現行のハーフトラックの生産削減がすでに開始されていたからである。しかも1943年3月には、野戦砲兵（FA）はすでに砲兵牽引車としてM5高速トラクターの調達を開始していたし、兵員輸送に関しても「四分の三装軌式」には、M3に比べて格段に優る利点が無かったのである。三社の試作車のいずれにも量産認可は下りなかったが、シャシーの試作開発は1944年まで継続された。

戦術面での改善
Tactical Improvements

　1943年の北アフリカ戦での経験をふまえて、米陸軍は機甲師団の改編を決定した。その主眼としたものは、野戦での統制が容易な、戦車と歩兵のバランスが良好な部隊であった。それまでの2個機甲連隊と1個機甲歩兵連隊の組み合わせに変えて、3個戦車大隊と3個機甲歩兵大隊の組み合わせが選ばれた。1943年型編制の機甲歩兵大隊は強化されていた。各中隊には牽引式57mm対戦車砲を装備する1個対戦車小隊が追加された（1942年型編制では、中隊の各小銃小隊に1門の37mm対戦車砲が与えられていた）。小隊も強化され、1個分隊の定員は11名から12名に増やされた。これは一般の歩兵分隊と同水準であった。技術的革新の現れとして、各歩兵分隊に1門のM1型2.35インチ（60mm）

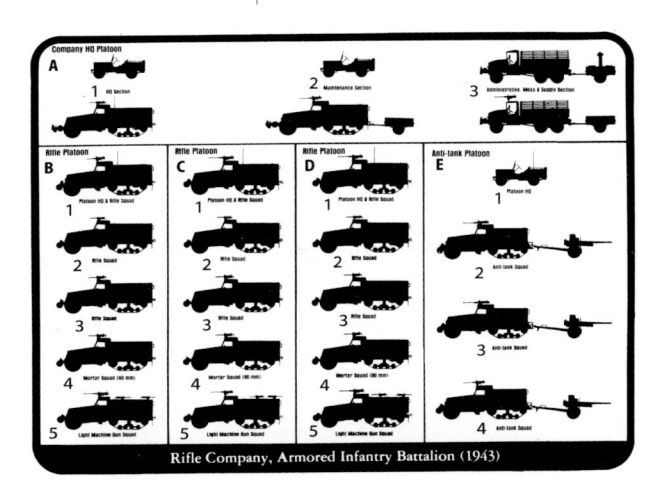

歩兵中隊、機甲歩兵大隊（1943年型）の編制
A 中隊本部小隊　1. 指揮班　2. 整備班　3. 管理・糧食・補給班

B 小銃小隊
1. 小隊本部・小銃分隊
2. 小銃分隊
3. 小銃分隊
4. 迫撃（60mm）分隊
5. 軽機関銃分隊

C 小銃小隊
1. 小隊本部・小銃分隊
2. 小銃分隊
3. 小銃分隊
4. 迫撃（60mm）分隊
5. 軽機関銃分隊

D 小銃小隊
1. 小隊本部・小銃分隊
2. 小銃分隊
3. 小銃分隊
4. 迫撃砲（60mm）分隊
5. 軽機関銃分隊

E 対戦車小隊
1. 小隊本部
2. 対戦車分隊
3. 対戦車分隊
4. 対戦車分隊

ロケットランチャー（通称バズーカ砲）が追加されたことが挙げられる。この変革により、以前の1個中隊が人員178名とハーフトラック17両で構成されたのに対し、1943年型中隊は人員251名とハーフトラック20両を保有するに至ったのである。

　1943年型機甲歩兵大隊は5個中隊により構成され、1個本部中隊、3個小銃中隊、1個支援中隊があった。本部中隊には、大隊本部、偵察小隊、迫撃砲小隊、突撃砲小隊、整備班各1個があった。小銃中隊は、本部小隊、3個小銃小隊、1個対戦車小隊で構成された。各小銃小隊には5両のM3A1が配備され、それぞれ1個分隊を輸送した。その内訳は、3個小銃分隊、1個軽機関銃分隊（編制表上ではM2A1を配備）、1個迫撃砲分隊である。

　小銃分隊は12名から成り、分隊長（軍曹）、副分隊長（伍長）、小銃手9名（兵士）、操縦手1名で構成された。武装は、.30口径（7.62mm）M1ガーランドライフルが基本で、操縦手だけは.45口径（11.4mm）M3短機関銃（通称グリースガン）が支給された。さらに各M3A1分隊には.30口径（7.62mm）ブローニングM1917A1機関銃1挺が与えられ、通常はこれにM1もしくはM9バズーカ砲1門が追加された。分隊の下車戦闘時には、機関銃は車両に残置しても、三脚架を用いて携行してもよかった。小隊長（少尉）の率いる先頭小銃分隊は異なる編制となっていた。小隊長車のハーフトラックには.50口径（12.7mm）ブローニング重銃身重機関銃が装備され、また分隊内の1名にボルト・アクション式のM1903スプリングフィールド.30口径（7.62mm）狙撃銃をもたせることも認められていた。

　標準作業手順（SOP）では、分隊長は操縦区画の右座席に位置し、副操縦手兼小銃手は同区画の中央座席に位置するものとされていた。分隊長には、プルピット銃架の機関銃の射撃がまかされていた。副分隊長は通常、最後部左側に着座した。分隊斥候の小銃手2名は操縦区画直背の座席に位置した。バズーカ砲チーム2名は右側座席の中央に着座した。

　軽機関銃分隊は、.50口径（12.7mm）ブローニング重銃身重機関銃1挺と.30口径（7.62mm）ブローニングM1917A1機関銃2挺を装備した。分隊員の内5名は小銃手としてM1ガーランドライフルで武装し、機関銃手と弾薬手には、M1ないしM2カービンが与えられた。迫撃砲分隊はわずか8名のみで、ふたつの60mm M2迫撃砲チームを構成した。60mm迫撃砲は規定ではハーフトラックから降りて射撃するものとされていたが、一部の部隊ではこれを無視して車上から射撃できるような手段を開発していた。

　最初に編成された3個機甲師団は1944年に入っても1942年型編制を維持し続けたが、第4機甲師団以降の番号の部隊では編制替えが実施された。初期のハーフトラックでの戦闘経験により、部隊は明白にM2に替えてM3を好む傾向を示していた。1943年に入って野戦砲兵がM5高速トラクターを受け取るようになると、牽引車としてのM2の

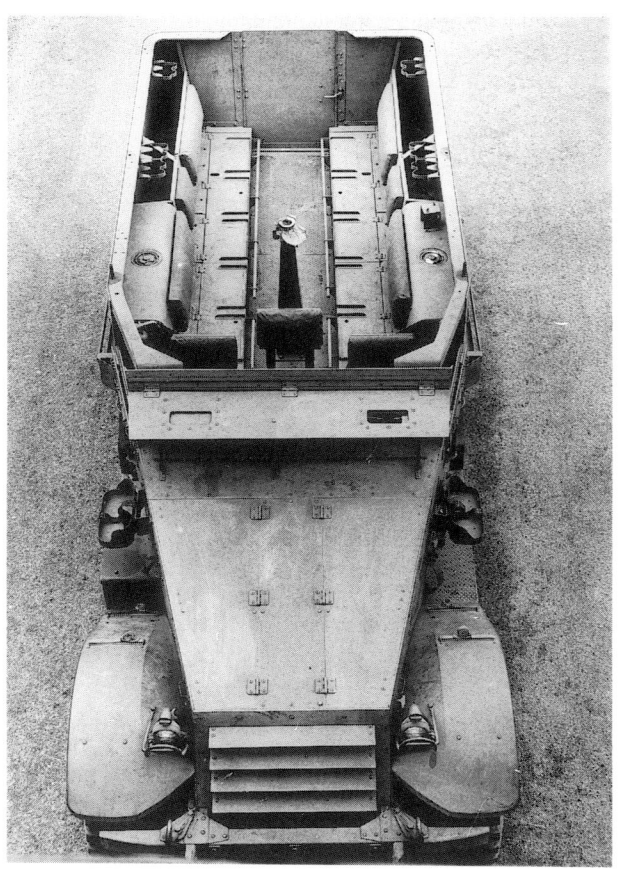

M5兵員輸送車は、インターナショナル・ハーベスター社版のM3ハーフトラックである。座席レイアウトは基本的に同じであるが、平面的なフェンダーやヘッドライト・ガードの形状、丸形の兵員区画後部両隅など、ディテールを異にしている。（International Harvester）

需要は減少した。同様に、M8装甲車が配備されたことで機甲偵察中隊内でのM2の活躍の場も失われていった。この結果、1943年中のM2の生産数はM3に比べて大きく削減されたのである。

1943年1月、兵器局はM2/M3の設計の統合に乗り出し、これに「T29汎用輸送車・半装軌式」の呼称を与えた。試作初号車は1943年4月に完成し、同年10月にはM3A2として制式となった。同様のプログラムがM5/M9についても進行され、試作車T31は代替制式として承認されM5A2として認定された。しかしM3A2とM5A2が実用化に達したころには、ハーフトラックの生産は大幅に削減されており、新型車の量産が開始されることはなかったのである。

1943年改編計画では、16個機甲師団向けに48個機甲歩兵大隊、さらに単独での作戦、もしくは必要に応じて機甲師団ないしは歩兵師団に追加される独立20個大隊の整備が予定されていた。1943年中には66個大隊が創設済みであったが、1944年の初めには17個独立大隊が解体され、計画はご破算となった。

実戦場のハーフトラック──1944年
Half-Tracks in Combat — 1944

　戦場における機甲歩兵の役割は、任務によってその姿を変える。米陸軍において機甲師団は、攻勢時の戦果拡張兵力とみなされていた。原則として、敵戦線に突破口を穿つのは歩兵師団の役目であり、その後に機甲師団は敵第一線の背後へと突進するのである。防御作戦に機甲師団を使うことは想定されていなかったが、実際には、のちにバルジの戦い［訳注5］として知られるようになった戦いの間に、サン・ヴィトで頑強に抵抗した第7機甲師団のような例外ももちろんみられた。機甲歩兵大隊の戦術的役割に関しては、野戦教範FM17-42にその概略が述べられている。それによれば、戦車攻撃の支援に際して機甲歩兵は、戦車の攻撃発起に適した地形を攻撃・制圧し、師団砲兵および戦車駆逐大隊との協調の下に、火力陣地を形成するものとされた。突破作戦に際しては、機甲歩兵大隊は戦車攻撃に追随して、残った敵の抵抗巣の一掃にあたる。そののち、戦車の獲得した緊要地

訳注5：「バルジの戦い」。1944年12月16日、ヒットラーは、アルデンヌの森林地帯を戦車師団で突破しアントウェルペン（アントワープ）の再占領、さらには北方にする連合軍の分断を目的に、戦車師団による大規模な反攻作戦「ラインの守り」を開始。悪天候で不意をつかれた連合軍に対して当初は優勢に戦いをすすめたドイツ軍は、燃料の欠乏などが原因で進軍を鈍らせ、アルデンヌ地方に突出部（バルジ）を形成してしまう。1945年1月、連合軍はこの「バルジ」に対する大反撃を敢行し、ドイツ軍に将兵、装備ともに回復不能な打撃をあたえた。

T12・75mm戦車駆逐車は1941年の訓練に間に合わせるために、急ぎ配備された。1941年11月20日の演習に参加した第93戦車駆逐大隊D中隊のこの車両も、その一例である。T12の初期型は牽引砲と同じ簡素な防盾を装着していた。写真の車両が初期型であることは、前輪タイヤを見ても判る。（US Army Signal Corps）

下●北アフリカでのM3・75mm戦車駆逐車、戦車駆逐大隊に引き渡す直前の撮影である。量産型のM3戦車駆逐車では、砲操作員を銃火から防護するための大形の装甲防盾が装着された。写真の車両は、商用車用ヘッドライトを備えた初期生産型である。着脱式ヘッドライトは元来M3戦車駆逐車用に開発されたもので、旧型ヘッドライトが砲口爆風で割れてしまうことへの対策であった。（US Army Signal Corps）

形を制圧・確保するものとされた。機甲歩兵は、宿営地や集結地、集合点における戦車の警護にも用いられた。戦車による先導が適切ではない状況での作戦では、機甲歩兵に先導が任された。このような状況では逆に少数の戦車が機甲歩兵の支援にあたるものとされた。機甲歩兵が主役たる作戦には、強行渡河、橋頭堡の確保、障害物および障害地帯の設置と排除、偵察および敵偵察部隊の迎撃、防御陣地の開設運営が挙げられる。

　攻撃において、機甲歩兵中隊は通常2個小銃小隊を前面にたて、対戦車小隊をもって遠距離の火力支援を実施し、三番目の小銃小隊は予備として控置された。敵陣地の抵抗が微弱である場合には、三個小隊の全力が投入されることもあった。敵の防御砲火もしくは地形の制約によって搭乗歩兵の降車を強いられるまで、ハーフトラックは歩兵分隊を前方へ推進させる。敵陣地に対する乗車攻撃は公式には想定されていなかった。手榴弾やパンツァーファウストが一発でも兵員区画に命中すれば、分隊が全滅する危険があったからである。そのうえ、走行中のハーフトラックからの小銃射撃は、射弾散布が滅茶苦茶であった。しかしながら、欧州戦も残り数カ月となりドイツ軍の組織的抵抗が崩壊し始めると、実際に乗車攻撃が微弱な抵抗拠点に対してかけられるようになった。

部分的に迷彩を施したM3戦車駆逐車、1943年のチュニジア戦時の撮影。北アフリカ作戦の米軍は応急の迷彩を多用したが、写真の車両もオリーヴドラブの基本塗装の上に泥を塗って、現地の風景に溶け込ませようとしている。
(US Army Signal Corps)

M6・37mm戦車駆逐車は戦闘車両としての実用性を欠いていた。そこで部隊によっては、砲を外してM2ハーフトラックに載せ直す改造が実施された。1944年4月にイングランドで撮影された、写真の第2機甲師団第41機甲歩兵連隊の車両もその一例である。この改造車では車体後部への収納箱の設置や、滑動式銃架レールを撤去して代わりに各所に銃架ソケットを設けるなどの、工夫が凝らされている。
(US Army Signal Corps)

1943年のヨーロッパ戦域では、M3・75mm戦車駆逐車は早くも時代遅れとなっていたが、太平洋戦域では海兵隊特殊兵器中隊の手により、そこそこの活躍ぶりを示していた。写真の一両は1944年7月30日、テニアンでの第2海兵師団の所属車両。海兵隊員からはSPMと短縮形で呼ばれていたM3戦車駆逐車は、日本戦車との交戦機会が少なかったので、もっぱら写真に見るような火力支援任務に用いられた。
(US Army Signal Corps)

機甲歩兵大隊は通常、大隊としてまとまって戦い、1個歩兵大隊が1個戦車大隊の支援にあたるのが常であった。ときには任務に応じて、小銃中隊が戦車大隊へと分遣されたり、また逆に戦車中隊が歩兵大隊へ分遣される場合もあった。小村落の攻撃には1個戦車大隊に1個機甲歩兵中隊が付けられた。歩兵は家屋の掃討にあたり、戦車は最初の攻撃と爾後の火力支援の任にあたるのである。防御陣地にあっては、塹壕に入った1個機甲歩兵大隊を1個戦車中隊が支援した。ごくまれには、機甲歩兵が戦車の背に跨乗して戦闘に加入する場面もあったが（M4中戦車1両あたり半個歩兵分隊）、それは地形がハーフトラックの活動に適さず、また目標の迅速な奪取がきわめて重要な場合に限られた。よってこの戦法を実施した部隊の数は少ない。

　第二次大戦中、米陸軍の機甲歩兵は「アーマード・ドー」や「ブリッツ・ドー」のあだ名で呼ばれた。これは第一次大戦時の米兵が「ドー・ボーイ」と呼ばれたことに因んだものである。流行った冗談のひとつには、「『アーマード・ドー』の連中は普通のGIと簡単に見分けられる。奴らはハーフトラックの側面を飛び越して降りるたんびに、何度もヘルメットライナーで頭を擦られてるから、オツムの天辺がハゲてるのさ」というのがあった。機甲歩兵はまた装備をちょろまかすことで悪名が高かった。一般の歩兵と違って、機甲歩兵は余分な装備をハーフトラックに積むことができたからである。戦利品漁りに関する兵隊の掟が守られる度合いは部隊によってまちまちであったが、ドイツ領内

に入る前の方が適用は厳格であった。第17機甲歩兵大隊C中隊の兵士の回想によれば、「下車戦闘のひとつの利点は、市街地をくまなく調べる機会が得られることと、我が軍のKレーションがかかえる欠点［訳注6］を補う機会が得られることにあった」とされている。ハーフトラックにはしばしば、携帯コンロや長柄ブラシ、たらいや手桶といった、生活快適化用品が満載された。歴戦の小銃分隊では編制装備表上の装備が無視され、さまざまな種類の機関銃や兵器が追加装備されるのが普通だった。もうひとつ、軍の公式な禁止命令にもかかわらず慣例化していた兵士の知恵として、地雷の被害を少しでも減らそうという願いから、兵員区画の床に土嚢を敷き詰めることがおこなわれていた。

こうして「アーマード・ドー」は、徒歩兵の戦友の悲惨な境遇に比べれば少しはましな生活を享受していたものの、実際には機甲歩兵大隊の死傷率は極めて高いものに達していた。これは機甲歩兵がとりわけ脆弱だったからではなく、ハーフトラックにより機動力が与えられたことで、機甲歩兵は一般の歩兵部隊がこなすよりもはるかに多くの任務遂行を命じられたことが原因であった。米陸軍医療軍団の秘密報告書には、「機甲師団では機甲歩兵の兵数が少ないため、戦闘神経症の発症率の80から90パーセントが歩兵に集中している。発症は作戦行動の3から5日目に極めて顕著となる。激戦が続いた場合、機甲歩兵中隊の兵力は40から50名にまで減少し（定員245名）、中隊長の内、3名までが死傷する。ある中隊は200日で150から180パーセントの補充を受け取り、

T48・57mm戦車駆逐車は本来、イギリス向けに開発されたのだが、その大半がソ連に供与されてSU-57戦車駆逐車として使用された。写真は1945年4月にチェコに進駐したソ連軍対戦車旅団の一両。

訳注6：Kレーションは米軍の野戦食のひとつ。もともとは2～3日の短期間の使用を目的として空挺部隊用に開発された、調理を必要としない小型で軽量な携帯食料。軍用食堂のBレーションや缶詰と乾パン主体のCレーションの代わりに「長期間」支給されることがあり、兵士たちの不評を買った。

T30・75mm自走榴弾砲は、偵察部隊用の突撃砲、および機甲歩兵の火力支援車両として開発された。1943年には、M5軽戦車の派生型であるM8・75mm自走榴弾砲による更新が進められた。だが1943年3月13日に英国で撮影された訓練中のT30は、なおもその健在ぶりを見せつけるかのようである。（US Army Signal Corps）

シシリー島リベラの街を行く、第2機甲師団第82偵察連隊所属のT30・75mm自走榴弾砲、1943年7月25日の撮影。シシリー戦後は同兵器の出番は少なくなっていった。
(US Army Signal Corps)

他の中隊では60から70日で原編成の将兵が完全に入れ替わった」と記されている。

歩兵輸送車の比較
A Comparison of Infantry Carriers

　米陸軍は、M3ハーフトラックに満足していたわけではなかったが、その他のハーフトラックのどれよりもましだと感じていた。米合衆国は総計19611両のT16ユニバーサル・キャリアーを英国とその連邦諸国向けに生産したが、戦闘用としてこれを採用することをまともに検討することはなかった。T16は半個分隊しか輸送できず、側壁が低いことは防護上の弱点のあらわれであった。しかも、整備の手間はより多く必要でありながら、格段に優る機動性を示すこともできなかったのである。
　M3に比肩しうるハーフトラックは、ドイツの機甲擲弾兵の装備であったSd.Kfz.251で

ハーフトラック改造自走砲の中でもっとも重荷を背負わされたのはT19・105mm自走榴弾砲であろう。写真の一両は、テネシー州のメンフィスで、1943年7月4日の独立記念日のパレードに参加したもの。操縦区画前面装甲バイザー部の変更など、兵員型からの改修箇所が判る。(US Army Signal Corps)

M13自走高射砲は、実戦配備となった最初の高射機関砲バリエーションである。写真は1944年1月8日に撮影された、イタリアのサン・ピエトロ近郊で守りにつく第105対空砲兵大隊のもの。M13自走高射砲が部隊配備されていたのは、4連装.50口径機関銃を備えたM16自走高射砲によって装備更新されるまでの、わずかな期間だけであった。
((US Army Signal Corps))

ある。より小型のSd.Kfz.250ハーフトラックは、米軍のM2半装軌車の役割を担っていた。Sd.Kfz.251とM3は、車重、サイズ、路上速度、路上操縦性の点では、ともによく似た車両である。Sd.Kfz.251がM3よりも優っているとされたのは、わずかに良好な装甲防護力であった。その8～14mmの装甲には35度の傾斜がつけられていたが、M3では6～13mmの装甲は垂直ないしはほぼ垂直で構成されていた。しかしこの見映えの良いSd.Kfz.251の装甲には損な点もあり、単純な箱形のM3の方が内部容積は20パーセントも広かったのである。米軍の機動歩兵の将校は、Sd.Kfz.251のラジエーター配置を気に入っていた。ドイツのものは固定装甲板で完全に防護されていたのに対し、M3のラジエーター前面には装甲シャッターが設けられており、乗員がこれを閉めるのを忘れてしまうと、銃弾で簡単に穴をあけられてしまったのである。米兵は多数のSd.Kfz.251を捕獲使用したが、機動力に劣ることを理由にM3よりも全般的に低い評価を与えている。問題の根本はSd.Kfz.251の前車軸が駆動されていないことにあり、さらに馬力の点でも米軍ハーフトラックに比べて25パーセントもアンダーパワーであった。前輪が駆動されてないことは、地形踏破力の低いことを意味し、また雪やぬかるみでの操舵を困難としていたのである。Sd.Kfz.251の履帯式走行装置が有する複雑なサスペンション機構の整備には、高度な技能が必要であった。またその挟み込み式転輪には泥が詰まりやすく、履帯脱落事故を誘発する要因となっていた。とある米軍の評価によれば、米軍ハーフトラックの履帯サスペンション装置は乗り心地が良く、走行中の騒音が少ないとされている。また、Sd.Kfz.251には前部にローラー式バンパーが装備されていなかったので、M3が難なく乗り越える障害地形を克服できなかった。

　米第2機甲師団の米独装備を比較した研究では、M3は、「戦場で遭遇したこの種のどの兵器よりも、はるかに優れている。M3のそのシンプルさの前に、これ以外の設計はすべて排除されるべきである。これ一車をもってすれば、ハーフトラックに託されたすべての要求は充たし得るからである」と極論している。だがこの見解をもって、前線

M17自走高射砲はM5ハーフトラックをベースとした、インターナショナル・ハーベスター社版のM16自走高射砲である。写真のように、生産車のほとんどはソ連へと供与された。写真は1945年4月にチェコに進駐したソ連軍の装備車。(Ivan Bajtos)

ベルギー・ヌフシヤトーで対空警戒の任につく、第447対空砲兵大隊のM16自走高射砲。1945年1月、バルジの戦いでの撮影。アルデンヌの戦いでは、ドイツ空軍の地上攻撃機が大挙出撃したことで、対空部隊にとっては願っても無い本務であった、対空戦闘の機会が与えられることになった。ウィンチ付きのフロントバンパーには、ジェリ缶（燃料携行缶）ラックが増設されている。
(US Army Signal Corps)

の機甲歩兵もM3ハーフトラックを理想の兵器と信じていた、などと断定するのは早急である。B戦闘団長であったS・R・ハインズ大佐によれば、「我が軍のハーフトラックは確かに他国のものよりも優っていたが、路外機動性においてはその必要を満たすものではなかった。機動性は戦車と同等の力を確保すべきである。小官の考えでは、わずかに側面装甲を厚くした全装軌車が必要であると信ずる。これをもってすれば、機甲歩兵はまさに必要な時に十分な支援を実施することができるのである」としている。

後者の見解は万人のうなずくところであった。1943年、米陸軍はM39装甲汎用車の開発に着手した。M3を更新することを狙ってはいなかったものの、これにより全装軌車

T28E1自走高射砲は、1943年11月の仏領北アフリカ進攻に合わせて、急ごしらえで部隊配備された自走高射砲である。写真のT28E1は、1944年8月17日、南仏のサン・ラファエルの飛行場に展開する第443対空砲兵大隊の所属車である。T28E1は防盾をもたないことと、水冷.50口径重機関銃を装備していることが識別点である。(US Army Signal Corps)

開発の経験が得られた。第二次大戦後、米陸軍歩兵科は、ハーフトラック方式はその役割を完遂したので、上部遮蔽式の全装軌車により装備を更新することを要求した。こうして失敗作であったM44装甲兵員輸送車（APC）を経て、戦後初の量産APCであるM59が完成したのである。この車両は戦後APCデザインの原型となった。実際、戦後になっても、いくつかのハーフトラックが設計されたのであるが、大国の陸軍はいずれも採用を見送り、最新式の装輪車か全装軌式車両を好んだのである。第二次大戦の戦訓を受けて、米陸軍は装輪車の採用検討を拒み続け、現在のM2ブラッドレー歩兵戦闘車（IFV）に至るまで、全装軌式の機甲歩兵車両にこだわり続けているのである。

インターナショナル・ハーフトラック
International Half-Tracks

　前に述べた通り、M5/M9ハーフトラックは1943年10月に、公式にレンド・リース供与用として生産された。ハーフトラックの最大の受領国はイギリスであったが、それらの多くは英連邦諸国と、英国の指揮下にあった自由ポーランド軍と自由チェコスロバキア軍にも引き渡された。これに対して、M2は10両、M3は2両だけが、技術評価用として英国に送られたにとどまる。アメリカはまた総計1431両のハーフトラックを自由フランス軍に引き渡している。これには176両のM2/M2A1、245両のM3/M3A1、1196両のM5/M5A1、603両のM9/M9A1とそれぞれの派生型が含まれた（原書ママ）。ソ連は総計1158両を受け取り、内訳はM2が342両、M3が2両、M5が401両、M9が413両である。ソ連軍はハーフトラックを基本的に戦車部隊の本部車両として使用した。また少数のハーフトラックが、イタリアで戦ったブラジル遠征軍のブラジル第1歩兵師団

カラー・イラスト

解説は 50 頁から

図版A1：M3装甲兵員輸送車　米第1機甲師団　チュニジア　1943年2月

図版A2：M3装甲兵員輸送車　ドイツ・アフリカ軍団鹵獲車　チュニジア　1943年3

A

25

図版B：T30・75mm自走榴弾砲
米第2機甲師団第82偵察連隊 シシリー島 1943年6月

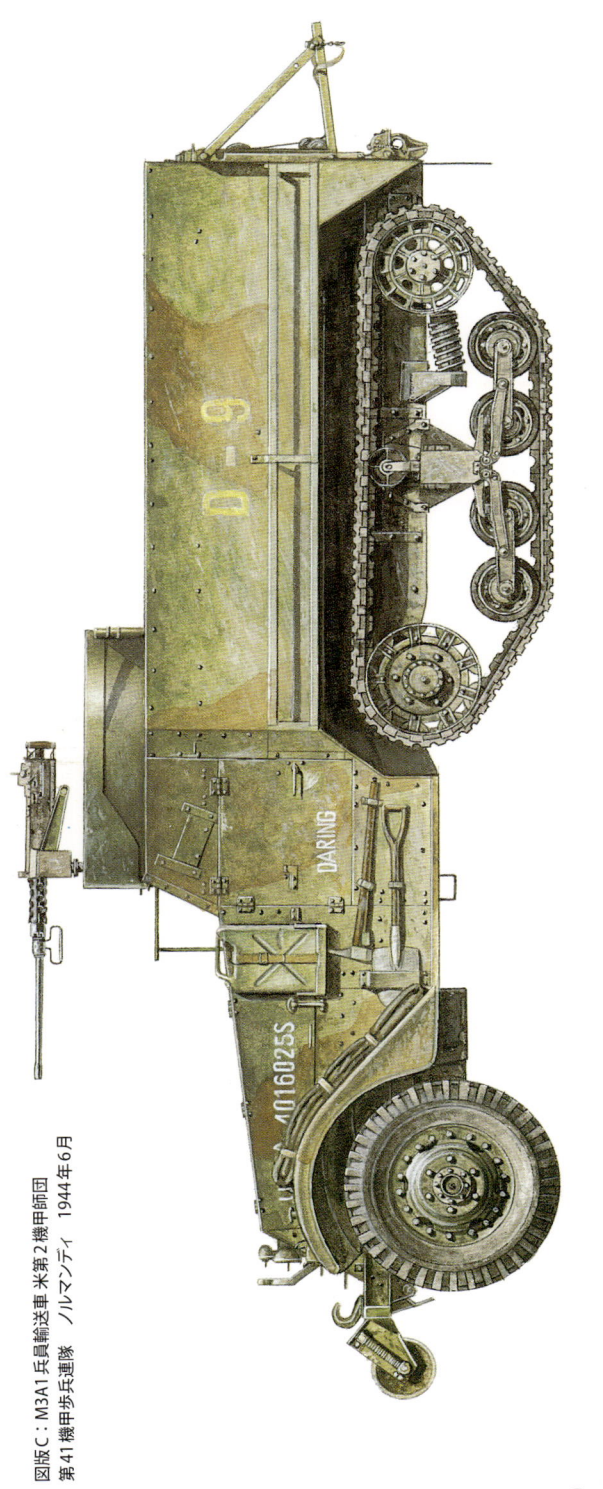

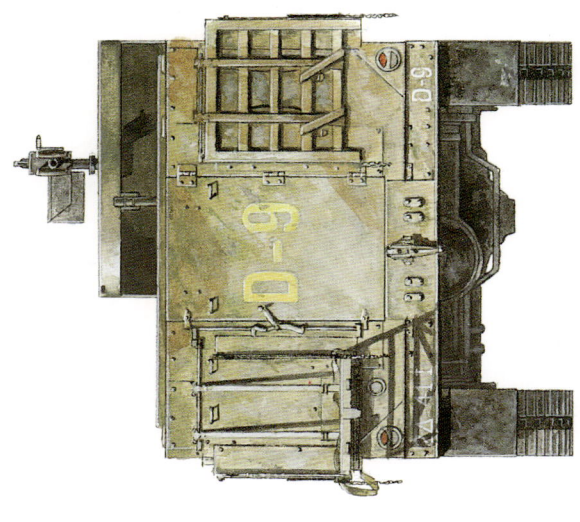

図版C：M3A1 兵員輸送車 米第2機甲師団
第41機甲歩兵連隊　ノルマンディ　1944年6月

図版D

M3・75mm戦車駆逐車
米第601戦車駆逐大隊　チュニジア　エル・ゲタール　1943年3月

仕様
乗員：5名
戦闘重量：10トン(9.8メートルトン)
出力重量比：14.2hp/t
車体長：20フィート5・1/2インチ(6.22m)
全幅：7フィート1インチ(2.15m)
全高：8フィート2・5/8インチ(2.5m)
装甲厚：6～16mm(1/4～5/8インチ)
エンジン：ホワイト160AX型直列L・6気筒、4サイクル、
　　　　　排気量386立方インチ(6330cc)、出力142.5hp(3000回転)
トランスミッション：オートモーティブ・マニュアル・トランスミッション、
　　　　　　　　　単板ドライプレート・クラッチ、前進4速・後進1速
燃料搭載量：60米ガロン(227リッター)

最高速度(不整地)：20マイル/時(32km/h)
最高速度(路上)：45マイル/時(72km/h)
最大航続距離：200マイル(320km)
燃費：3.3マイル/ガロン(1.4km/リッター)
渡渉水深：32インチ(81.3cm)
登坂力：60%
超堤力：12インチ(30cm)
主砲：M1897A4型75mm砲(M3型砲架)
砲口初速：2000フィート/秒(608m/h)(M61徹甲弾)
装甲貫徹力：3インチ/射程1000ヤード(75mm/射程914m)
　　　　　　(M61徹甲弾)
主砲弾搭載数：59発
照準機：M33照準望遠鏡、M36照準機托架
主砲安定化装置：無し
上下射界：-10度から+29度
副武装：乗員用M1 .30口径カービン1挺、M1903 .30口径ライフル4挺

各部名称
1. 初期型商用車用ヘッドライト
2. ローラーバンパー
3. 装甲ラジエーターグリル(開放状態)
4. エンジン冷却ファン
5. ホワイト160AXエンジン
6. 装甲エンジンカバー
7. M1897A4型75mm砲
8. 駐退復座器
9. 75mm砲俯仰・旋回ハンドル
10. 75mm砲砲尾
11. 装甲防盾
12. 即用弾薬庫
13. 砲班員座席
14. 収納箱
15. 小型毛布コンテナー
16. 水用ジェリ缶
17. 床下弾薬庫
18. 30ガロン・ガソリンタンク
19. 主砲洗桿ブラケット
20. 大形毛布コンテナー
21. 折り畳み式乗員座席
22. 牽引ヒッチ
23. 尾灯/ブラックアウトライト
24. 遊導輪
25. 継ぎ目なしバンド式履帯
26. ボギー台車
27. 起動輪
28. 操縦手席
29. 車載土工具
30. ハンドル
31. 装甲ドア(上部は折り畳み済み)
32. 噛み込み防止リング付きタイヤ
33. 折り畳み式装甲バイザー

29

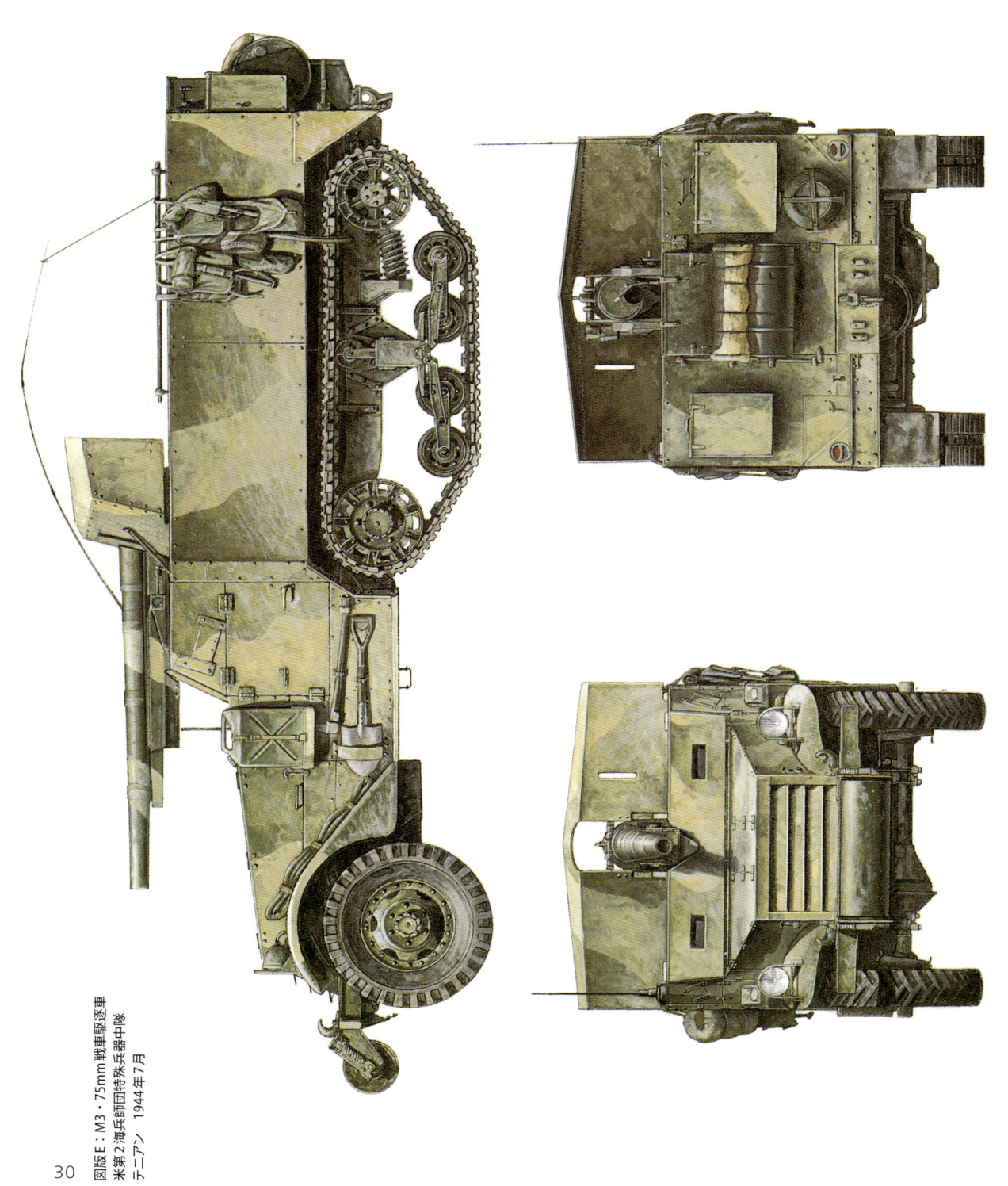

図版 E：M3・75mm戦車駆逐車
米第2海兵師団特殊兵器中隊
テニアン 1944年7月

図版F：TCM-20対空自走砲　イスラエル陸軍対空中隊
レバノン　1982年

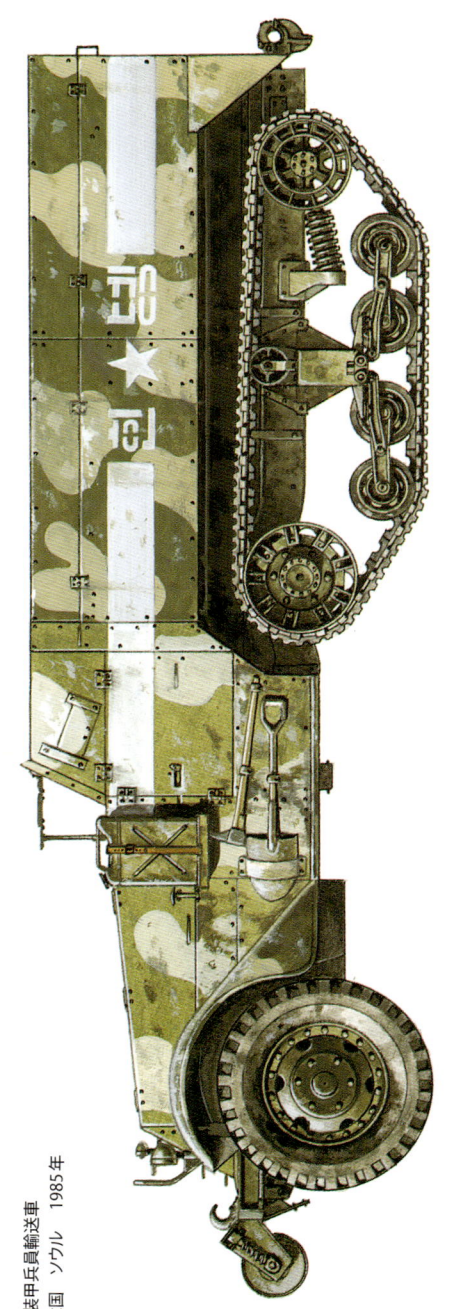

図版G1：M5装甲兵員輸送車
イスラエル陸軍ネゲブ旅団第82戦車大隊 1948年12月

図版G2：M3(M13)装甲兵員輸送車
韓国陸軍憲兵隊 韓国 ソウル 1985年

訳注7：第一次中東戦争。1948年5月14日、第二次世界大戦後にヨーロッパからパレスチナ地域へ流入したユダヤ人がイスラエルの独立を宣言した。その翌日、周辺のエジプト、ヨルダン、イラク、サウジアラビアは独立への反撃を開始。アラブ軍の兵力15万人に対し、イスラエル軍は3万人であったが、世界中から密かに集めた武器を有して戦った。6月に国際連合によって4週間の停戦が行われたが、この期間を利用してイスラエル軍は戦備を整え、停戦終了とともに攻勢に出てアラブ軍を打ち破った。

に渡されている。内訳はM2/M2A1が8両、M3/M3A1が3両、M5/M5A1が20両である。中国もハーフトラックの供与を受け、ビルマで戦った戦車集団に配備している。さらに戦時中には、ラテン・アメリカと南アメリカの諸国も供与の対象となり、チリには10両のM5、メキシコには3両のM2と2両のM5が引き渡された。

第二次大戦後、米陸軍の兵員輸送ハーフトラックの多くは用廃となったが、M16自走高射砲のような特殊車両だけが1950年代に入っても使われ続けた。ハーフトラックの大半は、スクラップとして売却されるか民間に払い下げとなった。頑丈にできたM3だけに、重い装甲板を取り外した上で、1950から1960年代にかけて米国内の建設業者や材木業者によって広く利用されている。

戦後の冷戦期に入って、アメリカは「軍事援助プログラム（MAP）」に基づく兵器供与を開始し、ハーフトラックも多くの国々へと譲り渡された。1950年代にはNATO（北大西洋条約機構）加盟国のほとんどがハーフトラックを受領しており、パキスタンや日本を含む多くの同盟諸国へも送られた。一方、用廃を決めたフランスから大量のハーフトラックが中古武器市場に流れたことで、その恩恵を存分に享受するユーザーが登場したのである。

イスラエルのハーフトラック
Israeli Half-Tracks

戦後世界でハーフトラックの最大手使用国となったのは、イスラエルであった。早くも第二次大戦終了直後から、ユダヤ人工作員は払い下げハーフトラックの購入へと暗躍し始め、やがてパレスチナへと送り出したのである。これらは1948年の独立戦争［訳注7］を戦うユダヤ人武装組織を支える初期の装甲兵器となり、イスラエル建国へと大きく貢献した。最初にヨーロッパで取得されたのはM5とM9で、農業機械を装うために赤く塗られた。戦車の大幅な不足を補うために、イスラエルはハーフトラックの武装と装甲の強化改造を実施した。こうして20mm機関砲を砲塔におさめたものや、6ポンド対戦車砲を搭載したものが作られた。1948年の最初の戦いでは、およそ20両が戦闘に投入された。公式にイスラエル建国が宣言されてからは、イタリアが武装と装甲を撤去したM4自走迫撃砲、M14およびM15対空自走砲を含む150両のハーフトラックを売却した。側面装甲板が大きく切り取られていたことは、逆に改造には便利であった。さらにいくらかの車両がヨーロッパで調達されたことで、1949年の時点でイスラエル軍は200両のハーフトラックを保有するに至ったのである。

1948から1949年にかけての第一次中東戦争の終了後、イスラエルはアメリカへと直接、余剰ハーフトラックの調達話をもちかけ、同時にフランス、ベルギー、オランダといったヨーロッパ諸国へも働きかけを開始した。ハーフトラックはすべて一緒くたに「M3ハーフトラック」と呼ばれ、M5とM9は「M3 IHC」と称された。1955年に、イスラエル陸軍はハーフトラックの標準化に着手したが、これはハーフトラック装備の各々7個歩兵中隊をもつ2個機甲旅団を新たに編成する準備のためであった。標準化プログラムの顕著な改造として、操縦手席の装甲バイザーを半分に切り、助手席前面側は

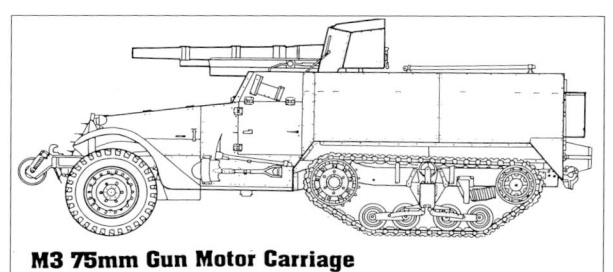

M3 75mm Gun Motor Carriage

M15自走高射砲はT28E1自走高射砲の完成形である。各種改良点でもっとも顕著なのは防盾を装着した箱形銃塔である。写真はイタリアのカプアに展開する第434対空砲兵大隊の装備車。1943年11月20日の撮影。(US Army Signal Corps)

固定装甲としてボールマウント式銃架を設け機関銃を装備することがおこなわれた。また、M2とM4ハーフトラックには、車体後面に乗降用ドアが増設された。ロングボディーのM3とM5ハーフトラックは、IHC RED450型エンジンに換装された上で、「M3 Mk.A兵員輸送車」として型式認定された。M5の一部には、.50口径（12.7mm）ブローニング重機関銃一挺と無線装置、前部バンパーにウィンチが増設されて「M3 Mk.B指揮輸送車」となった。「M3 Mk.C」は、エンジンをホワイト160AX型に換装した上で、81mm M1迫撃砲を搭載したものである。この自走砲迫撃砲は1956年のエジプトとの戦争で実戦投入された。

1956年の第二次中東戦争［訳注8］を終えると、さらに多くの車両がフランスとヨーロッパの解体スクラップ屋から調達された。さらに特殊用途の改造ハーフトラックが求められ、無線指揮車、装甲救急車、装甲回収車が作られた。1965年には、ふたつ

訳注8：スエズ戦争ともいう。1956年7月23日、エジプトがスエズ運河の国有化を宣言。重大な打撃を受けたイギリスとフランスは、スエズ運河地帯の占領を目的とした攻撃作戦を策定し、イスラエルがこれに連合した。10月29日、先ずイスラエルによるシナイ半島への攻撃が実施され、英仏軍によるエジプト軍への攻撃がこれに続いた。エジプト軍は敗走するが、米・ソ両国の強硬な即時停戦要求と国際的な非難の高まりにより英仏軍は11月6日に戦闘を停止。この戦争の結果、米ソ両国が中東における威信を高めた一方で、英仏は中東での影響力をめぐる国際競争から脱落した。米国と国連の圧力を受けたイスラエルも、翌年3月にシナイ半島から撤退した。

訳注9：第二次中東戦争後、反撃の機会をねらって戦備を整えるアラブ軍に対して、イスラエル軍は1967年6月5日早朝、まず航空優勢獲得のため空軍がエジプト、シリア、ヨルダンで20カ所以上の空軍基地を奇襲攻撃して400機以上を地上で破壊。つづいてイスラエル陸軍が、シナイ半島、エルサレム旧市街、ヨルダン川西岸、ガザ地区に一気になだれ込みこれを占領した。イスラエル軍の奇襲攻撃によりアラブ軍が瞬時に粉砕され、わずか6日で決着がついたことで6日戦争ともいわれる。

訳注10：1973年10月6日に勃発。同日はユダヤ教の断食日「ヨム・キプール」（大贖罪日）に当たり、この戦争は前回とは逆に、アラブ側がイスラエルを奇襲した。スエズ運河を渡り橋頭堡を築いたエジプト軍に対してようやく反撃に出たイスラエル軍は、エジプト軍の対戦車ミサイルにより300両もの戦車を失う。しかしゴラン高原でのシリア軍の攻撃はイスラエル軍に阻まれ失敗に終わり、イスラエル軍は、シナイ半島に戦力を集中。10月16～24日にかけて、イスラエル軍はスエズ運河北部で、エジプト軍を排除してスエズ運河西岸への逆渡河に成功した。11月11日、国連の調停によって第四次中東戦争は停戦となった。

オーストラリア駐留米軍の野戦修理デポは、ボフォース40mm機関砲をM3ハーフトラックに車載化する改修を独自でやってのけた。ときにM15スペシャルと呼ばれることがあるが、実際にはM3がベースでありM15から改修されたものは無い。写真の一両は、1945年5月、南西太平洋戦域で戦う第208対空砲兵大隊のもの。

左頁下●新型のM3A1型砲架を採用したM15A1自走高射砲。37mm砲身が2挺の.50口径重機関銃の銃身の上に配置されていることが、識別点である。それまでのT28E1とM15とは逆転している。銃塔前面のパネルは上半分が折り畳み可能である。写真のM15A1は沖縄の米陸軍対空砲兵大隊のもの、1945年6月12日の撮影。
(US Army Signal Corps)

の対戦車車両が作られた。ひとつはベルギーのメカール90mm対戦車砲を搭載したもので、もうひとつはノール・アビアシオンSS.11型有線誘導対戦車ミサイルを装備した上部遮蔽式のものであった。二番目の自走迫撃砲となる「M3 Mk.D」は1965年に開発され、ソルタム120mm迫撃砲を装備した。M3 Mk.Dと準制式のMk.A、B、Cは1967年の第三次中東戦争［訳注9］でも活躍し、イスラエルの機械化歩兵部隊の根幹を形成したのである。

　1960年台後半には、アブラハム・アダン将軍がアメリカのM113装甲兵員輸送車によるハーフトラックの更新を試みたが、この計画は機甲部隊の長であるイスラエル・タル将軍による反対を受けた。理由は現状の限られた国防予算では、歩兵にはハーフトラックが最適であるというものであった。それでもアダン将軍は粘り続け、1973年に戦争が始まった時には、第一線の機械化歩兵部隊にはM113装甲兵員輸送車が配備されていたのである。しかし、予備部隊のほとんどは、ハーフトラック装備のままであった。第四次中東戦争［訳注10］後、機械化歩兵はその装備をM113に一新した。だが、指揮通信、対空、工兵、整備といった特殊用途に、ハーフトラックは活躍の場をいまだ見いだしていた。1974年には近代化計画が実施され、ハーフトラックのエンジンはM113と同じ6V53型に換装された。さらに新型のアリソンTX-100型エンジンの導入も実施された。

アリソン・エンジン搭載車は、ラジエーターグリルが塞がれ、車体後部に燃料タンクが増設されているのが識別点である。

HALF-TRACK VARIANTS
ハーフトラック派生型

　M3ハーフトラックは、特殊用途向け車両の改造ベースとして広く利用された。総計53813両にも及ぶ生産車中、半装軌車もしくは半装軌兵員輸送車として完成されたのは39436両（約73パーセント）であった。本章では実際に生産された派生車両のみを取り扱う。派生型には基本的に四車種があり、戦車駆逐車（GMC＝ガン・モーター・キャリッジ、原意は自走カノン砲）、自走榴弾砲（HMC＝ハウザー・モーター・キャリッジ）、自走高射砲（CGMC＝コンビネーション・ガン・モーター・キャリッジ、MGMC＝マルチプル・ガン・モーター・キャリッジ）、自走迫撃砲（MMC＝モーター・モーター・キャリッジ）に類別される。この中で最も多数生産されたのは自走高射砲で、9107両と総生産数の実に17パーセントにまで及んでいる。

M3・75mm戦車駆逐車
M3 75mm Gun Motor Carriage

　最初に作られた重要な派生車はM3戦車駆逐車（GMC）であった。同車は1941年に開発着手され、M5・76mm戦車駆逐車が完成するまでのつなぎ役と考えられていた。試作車であるT12は、M3にM1897A5型75mm野砲を搭載したもので、同砲は第一次大戦当時の高名なフランス野砲の米国ライセンス版であった。搭載方法は簡単なもので、操縦区画背後に設けられた溶接組み立てによるシャシーフレーム直結の箱形構造物に、砲を搭載しただけのものであった。T12の試作バッチ36両の発注は、1941年7月におこなわれた。試験の後、T12は米軍の承認を得て、「75mm戦車駆逐車・M3」として1941年10月31日に制式となった。量産第一バッチの車両は、原型のM2A3牽引砲

戦線の部隊では数多くの現地改修ハーフトラックが作られていた。写真のM2A1は空軍のロケットランチャーを搭載したもので、1944年にインドのベンガル航空デポで改造されたもの。（US Army Signal Corps）

M4自走迫撃砲はM2ハーフトラックに81mm迫撃砲を搭載したものである。車両の後方に向けて射撃する方式は乗員に不評で、一部では底盤の向きを変えて前方へ射撃できるように図った。写真は第2機甲師団所属第41機甲歩兵連隊の所属車、1944年4月の撮影。
（US Army Signal Corps）

と同じ防盾を使用した。しかしこれでは砲要員が裸同然であったため、1942年にはより防護に優れた防盾に変更された。量産は、M4シャーマンをベースとして作られた全装軌式のM10戦車駆逐車が登場したために、1943年10月で打ち切られている。M3戦車駆逐車の最終量産バッチは、M2A3牽引砲のストックが底をついたため、旧式のM2A2牽引砲を使用して改造された。この最終バッチ分は「75mm戦車駆逐車・M3A1」として制式化されたが、M3A1ハーフトラックとは何も関連が無いことを明記しておく。

M3戦車駆逐車は、1941年12月にフィリピンで初の実戦を経験した。数両のT12を含む50両の戦車駆逐車は、1941年の11月から12月にかけて前線へと急送され、3個大隊からなる臨時野戦砲兵旅団を構成した。日本軍のフィリピン侵攻に伴って、M3戦車駆逐車は直接火力支援と対戦車戦闘に重用された。バターン作戦間、ゴードン・ペック大尉の自走砲中隊は、臨時戦車集団の支援に抜群の功績を示してその名を知られた。日本軍は戦闘終了後に捕獲したM3戦車駆逐車を修理して自軍編成に組み入れ、これらは1944～45年のフィリピン奪還戦で米軍に砲火を浴びせている。

M3戦車駆逐車は、1942年に米軍に新編された戦車駆逐大隊の中核をなす兵器であった。大隊の編制は、M3戦車駆逐車8両、M5・75mm戦車駆逐車6両、M6・37mm戦車駆逐車4両を装備定数としていた。M5戦車駆逐車は、クリートラック飛行機牽引トラクターに75mm砲を搭載したもので、その風変わりなデザインから「クリーク・トラック」と蔑称されていた。陸軍の戦車駆逐コマンドはM5の部隊配備を拒んだため、代わりにM3戦車

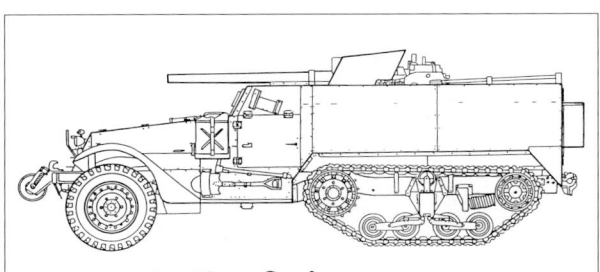

T48 57mm Gun Motor Carriage

T48・57mm戦車駆逐車

駆逐車が充当されることになった。1943年1月の編制装備表では、M3戦車駆逐車の装備数は各1個大隊あて36両となっている。1942年11月に実施された北アフリカ反攻「トーチ」作戦開始前の時点で、新型のM10・76mm戦車駆逐車を配備されていたのは1個大隊だけであり、残りの5個戦車駆逐大隊はM3戦車駆逐車をもって作戦に臨んだのであった。

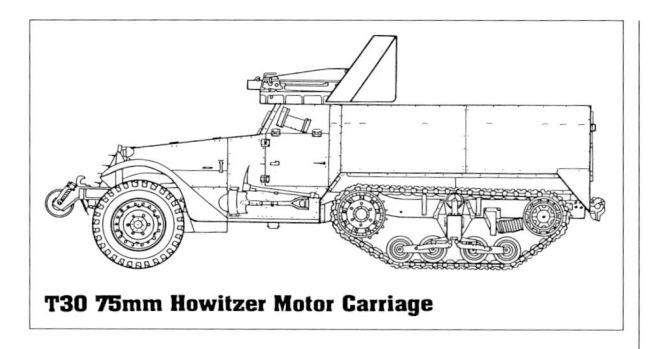

T30 75mm Howitzer Motor Carriage

M3戦車駆逐車は、壊滅的な損害を喫したシジブジおよびカセリーヌ峠付近の激戦に投入された。米陸軍はM3戦車駆逐車の戦いぶりを失敗と判定したが、その主たる原因は、戦車駆逐車が当初想定されていたものとは異なる、不適切な任務に投入されたことによるものであった。陸軍地上軍（AGF）はその報告書で、「第601および第701戦車駆逐大隊は、総じてその設計目的とは異なる任務に投入された。それらは歩兵随伴支援、突撃砲としての強攻、戦車に随伴しての突撃砲兵任務といったものであり、また、縦深防御ではなく警戒線防御が命じられた」と事情を明らかにしている。M3戦車駆逐車に当初想定された任務とは、隠蔽された射撃陣地による敵戦車の待ち伏せであり、この方法をとることでこそ弱装甲をカバーできたのである。M6・37mm戦車駆逐車は、より失敗作であった。この兵器は3/4トン・トラックの荷台に37mm対戦車砲を搭載したものである。部隊での評価があまりにも低かったために、いくつかの大隊では37mm対戦車砲を取り外し、M3兵員輸送ハーフトラックに積み替えていた。M3戦車駆逐車の名誉挽回のチャンスは1943年3月に訪れた。第601戦車駆逐大隊は、エル・ゲタール付近の米第1歩兵師団に対するドイツ第10戦車師団の戦車100両による猛攻を、撃退してみせたのだ。同大隊は、21両のM3戦車駆逐車を失ったのと引き換えに、ティーガーI型2両を含むドイツ戦車30両破壊の戦果を挙げたとしている。

駆逐戦車大隊の一部は、1943年のシシリー島上陸を目指した「ハスキー」作戦時に、M3戦車駆逐車を受領した。しかし、すでにM10戦車駆逐車が対戦車任務に優れた功績を示していたことで、M3はもっぱら火力支援任務に用いられた。シシリー作戦後には、M3戦車駆逐車が第一線の戦車駆逐大隊で戦うことはなくなり、M10戦車駆逐車により装備変換されていった。1943年の後半に、陸軍は1360両のM3戦車駆逐車を改造してM3A1兵員輸送ハーフトラックへと戻すことを命じており、実際に戦車駆逐大隊に引き渡されたM3戦車駆逐車は、842両を超えなかったと信じられる。

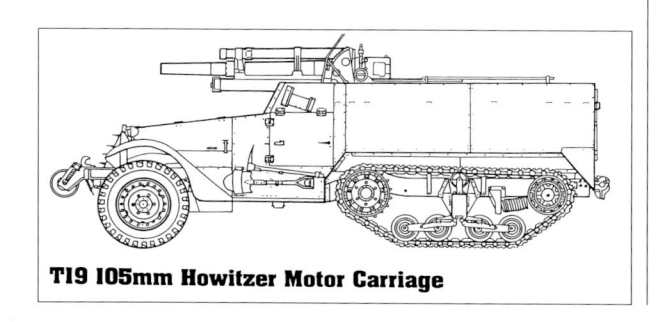

T19 105mm Howitzer Motor Carriage

余剰兵器となったM3ハーフトラックは、1950年代にラテン・アメリカ諸国に供与され、一部は1980年代まで現役兵器として使用された。写真はボリビア陸軍のM3A1。
（Defense Intelligence Agency）

陸軍ではお役御免になったものの、M3・75mm戦車駆逐車は米海兵隊では使用を続けられ、1944年夏のサイパン上陸作戦を皮切りに活躍した。各海兵師団はM3戦車駆逐車12両を装備した。海兵隊では「自走砲架（SPM＝self-propelled mounts）」と呼ばれ、直協火力支援に用いられた。サイパン戦の初期の戦闘では、M3戦車駆逐車は原構想の対戦車戦闘に投入され、1944年6月16日から17日にかけて発起された日本軍第9戦車連隊による夜襲攻撃を撃退するのに役立った。ヨーロッパの戦場では旧式兵器と成り下がっていたものの、M3戦車駆逐車の75mm砲は装甲の薄い日本軍の九五式軽戦車や九七式中戦車相手には、いまだ十分な威力を示したのである。M3戦車駆逐車は、ペリリュー島攻略や沖縄作戦にも投入された。

M3戦車駆逐車はレンド・リース供与には、あまり回されなかった。英陸軍には170両が送られ、装甲車連隊の重火器小隊に配備された。M3戦車駆逐車の初陣は、1943年のチュニジア戦における「王立龍騎兵」連隊によるものであった。M3はイタリア戦線でも広く用いられた。1944年のフランス戦線に配備されたM3の数は少なく、これもしだいに損耗して消えていった。また、自由フランス軍は、M10戦車駆逐車の受領前に、北アフリカにおいてM3戦車駆逐車で訓練を実施している。

T48・57mm戦車駆逐車
T48 57mm Gun Motor Carriage

T48・57mm戦車駆逐車は、ハーフトラックに6ポンド対戦車砲を搭載した対戦車自走砲をのぞむ英軍の要請に基づいて開発された。当時、すでに米軍はM10戦車駆逐車の採用を計画していたので、米軍用の生産は考慮されなかった。試作車の発注は1942年4月に下され、米国内で生産された6ポンド砲であるM1・57mm対戦車砲がM3ハーフトラックに搭載された。T12開発の経験から、T48・57mm戦車駆逐車には最初から防盾が装備された。第1量産バッチは1942年12月に領収となったが、レンド・リース供与専用であったために米軍制式とはならなかった。引き渡しが可能となった時には、英軍はすでに同

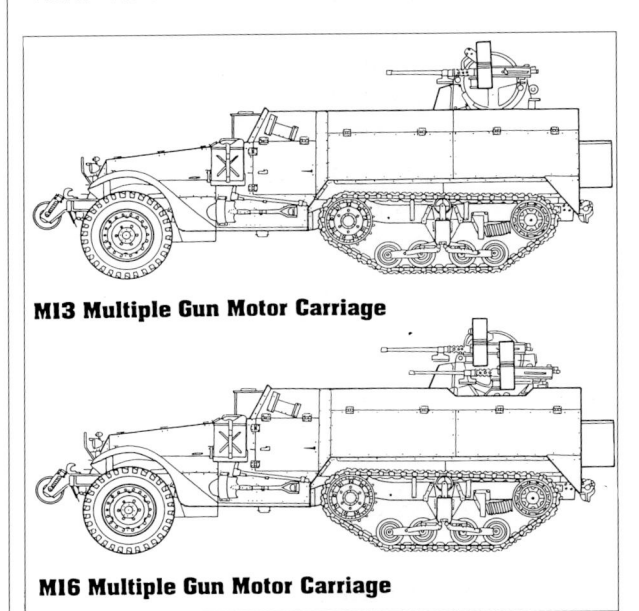

M13自走高射砲

M16自走高射砲

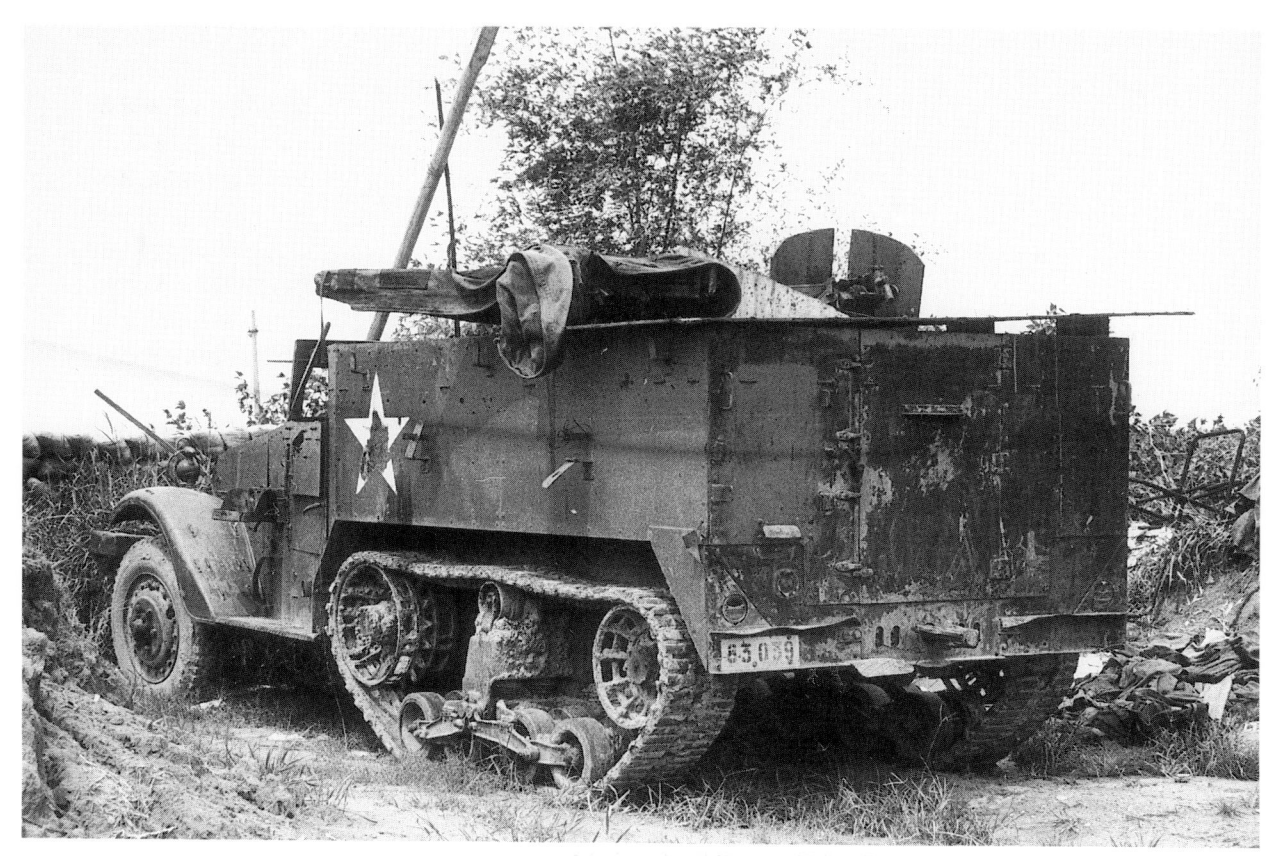

フランス軍は1950年代に各種のM3ハーフトラックをインドシナ戦争で使用した。写真の一両はその生き残りで、1960年代末になっても南ベトナム政府軍によって使用されていたもの。(James Loop)

兵器の必要を感じてはいなかった。そのため、レンド・リース供与で英軍が受け取ったのはわずか30両だけで、それも再改造されてM3兵員輸送ハーフトラックに戻されている。量産車の内、650両はソ連へと供与され、残る281両は米陸軍向けのM3A1兵員輸送ハーフトラックとして再改造された。ソ連軍はT48をSU-57として制式化し、各々60両のSU-57を装備する3個大隊からなる特別独立戦車駆逐旅団を編制した。SU-57をもって初めて実戦に参加したのは第16特別戦車駆逐旅団で、1943年8月のウクライナにおけるドニエプル河渡河作戦のおりであった。第19旅団は1944年8月にはポーランドのバラノフ橋頭堡で戦いった。また、特別旅団群の一部は、1945年4月から5月にかけてのベルリン攻略とプラハ進駐に参加している。なお、ソ連軍は15両のSU-57をポーランド人民軍に引き渡しており、それらは第7自走砲兵中隊に配備されて、1944年から45年のポーランドおよびドイツ国内戦を戦った。

T30・75mm自走榴弾砲
T30 75mm Howitzer Motor Carriage

1941年、米陸軍の機甲本部は戦車部隊と機甲偵察部隊に配備する突撃砲の必要を明らかにした。満足のゆく設計が完成するには少なくとも一年を要することから、兵器局はM3をベースとした間に合わせの代替兵器を開発することに同意した。1941年10月に認定された試作車は、M1A1・75mm榴弾砲をM3の箱形台座に載るようにしただけのもので、M3戦車駆逐車と良く似た設計であった。1942年1月には量産の認可が下り、2月には量産初号車が引き渡された。しかし、最初から一時しのぎの兵器として開

T28E1 自走高射砲

M15 自走高射砲

M15A1 自走高射砲

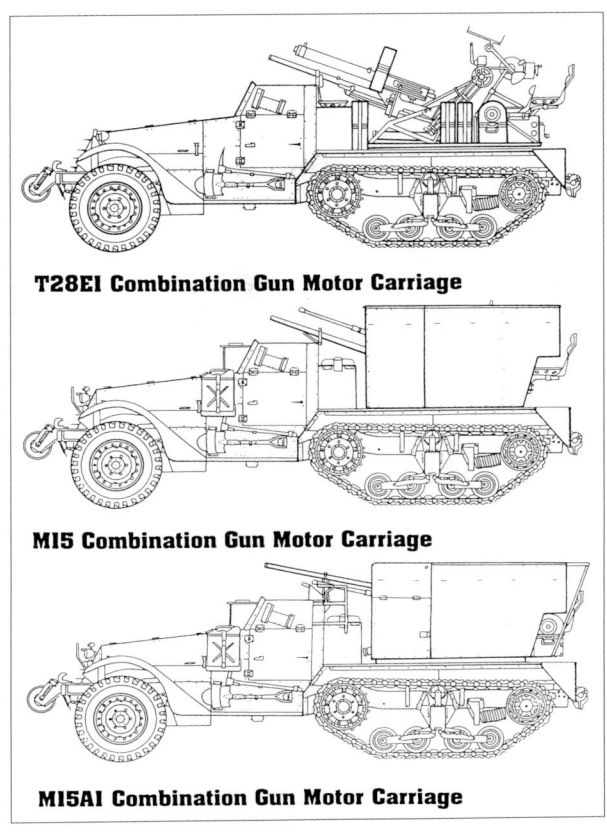

T28E1 Combination Gun Motor Carriage

M15 Combination Gun Motor Carriage

M15A1 Combination Gun Motor Carriage

発されたために、制式にはされなかった。M3・75mm戦車駆逐車と同様、燃料タンクは車体後部両隅へと移されている。初期の量産車は防盾を備えていなかったが、1942年初めのフィリピン戦でのM3戦車駆逐車の戦訓を入れて、すぐに開発装備されるようになった。防盾の大きさに関してはけっこうな議論があり、数種類の試作品が作られた。だが結局、榴弾砲を間接照準射撃に使う場合、大仰角をとるために背の高い防盾が選ばれた。

T30・75mm自走榴弾砲の初陣は、1942年11月の北アフリカであった。米第1機甲師団の機甲連隊は12両を受領し、各戦車大隊の本部小隊あてに3両、各連隊偵察大隊に3両が配備された。第6および第41機甲歩兵連隊はそれぞれ9両のT30を受領し、各大隊の本部小隊に3両ずつ配備した。在北アフリカの歩兵師団は、T30・75mm自走榴弾砲6両とT19・105mm自走榴弾砲2両を装備するカノン砲中隊1個を保有していた。T30自走榴弾砲は、1943年のシシリー島上陸「ハスキー」作戦と1944年のイタリア戦にも使用されつづけた。しかし、1943年3月の師団改編で歩兵師団の編制からT30自走榴弾砲は外され、105mm牽引榴弾砲による装備変換が予定された。それ以前にも、M5軽戦車の派生型であるM8・75mm自走榴弾砲の配備が1942年11月に始まったことで、T30の更新はすでに開始されていたのである。完成兵器として部隊配備されたT30自走榴弾砲は312両だけであり、最終量産バッチの188両は支給以前の1942年11月にM3兵員輸送ハーフトラックに再改造されている。自由フランス軍に供与されたT30はわずかであったが、驚くべきことに1950年初頭のインドシナの戦場にその姿を見せている。

T19・105mm自走榴弾砲
T19 105mm Howitzer Motor Carriage

T19・105mm自走榴弾砲は、T30が誕生したのと同じ1941年10月の機甲本部による突撃砲の要求に基づき、開発が着手された。標準のM2A1・105mm牽引式榴弾砲を車載化することは、M3ハーフトラックのシャシーには荷が勝ちすぎているのではと懸念する声もあったため、T7・105mm車載榴弾砲を搭載するT38自走榴弾砲も試作された。だが、M2A1・105mm榴弾砲を載せたT19の試験は良好であり、1942年3月25日には

1948年の戦争において戦車が不足していたことで、イスラエル軍はハーフトラックを改造して、砲塔付き装甲車両を開発した。写真は第二次大戦後のヨーロッパの中古兵器市場から調達された、インターナショナル・ハーベスター社製のM5ハーフトラックで、パレスチナに密輸されたものである。(Israeli Government Press Office)

装備化の認可が下りた。それでも、M4中戦車のシャシーを使い、より優れた性能を持つM7・105mm自走榴弾砲の量産が開始されたことで、T19の生産は1942年4月までのわずか324両にとどまった。T19は主に米陸軍の歩兵師団のカノン砲中隊と、機甲師団の砲兵大隊で使用された。1942年から43年の北アフリカ戦に投入されたが、1943年のシシリー進攻作戦時には、すでに多くの機甲部隊ではM7・105mm自走榴弾砲による装備変換が進んでいた。そもそも直接照準射撃を目的として開発された兵器であったが、カノン砲中隊ではその機動力を買われて、より攻撃的な任務を担うようになった。第16歩兵連隊のカノン砲中隊をめぐるブライス・デンノ大佐による、1942年11月のオラン近郊でのビシー・フランス軍との交戦に関する回想は、その猛烈ぶりを如実に物語っている。

「第2大隊の突撃小銃中隊群の攻撃が開始されると同時に、我がカノン砲中隊の自走砲はその前方へと戦車のように展開し、敵の抵抗拠点に猛射を

新生のイスラエル機甲部隊の火力を強化するために、一部のM5ハーフトラックの兵員区画には、車輪を撤去した6ポンド砲がボルト止めされて即製自走砲とされた。1948年戦争において、応急兵器ではあったものの火力支援に活躍した。写真はネゲブ旅団第82戦車大隊のもので、1948年12月の撮影。操縦区画右側には機関銃用のボールマウント式銃架が見える。(Israeli Government Press Office)

表2：米国のハーフトラック生産数

型式	1941	1942	1943	1944	総計
M2半装軌車	3565	4735	3115	0	11415
M2A1	0	0	987	656	1643
M3兵員輸送ハーフトラック	1859	4959	5681	0	12499
M3A1	0	0	2037	825	2862
M5	0	152	4473	0	4625
M5A1	0	0	1859	1100	2959
M9	0	0	2026	0	2026
M9A1	0	0	1407	0	1407
T48・57mm戦車駆逐車	0	50	912	0	962
M3、M3A1・75mm戦車駆逐車	86	1350	766	0	2202
T30・75mm自走榴弾砲	0	500	0	0	500
T19・105mm自走榴弾砲	0	324	0	0	324
M13自走高射砲	0	0	1103	0	1103
M14自走高射砲	0	5	1600	0	1605
M16自走高射砲	0	0	2323	554	2877
M17自走高射砲	0	0	400	600	1000
T10自走高射砲	0	0	0	110	110
T28E1自走高射砲	0	80	0	0	80
M15自走高射砲	0	0	680	0	680
M15A1自走高射砲	0	0	1052	600	1652
M4・81mm自走迫撃砲	0	572	0	0	572
M4A1・81mm自走迫撃砲	0	0	600	0	600
M21・81mm自走迫撃砲	0	0	0	110	110
総計	5510	12727	31021	4555	53813

浴びせかけた。敵陣地へと自走砲で躍り込みながら、砲兵たちはカービン銃やトミーガン、機関銃を撃ちまくり、手榴弾を投げつけた。大混乱の接近戦の最中に砲班長と砲兵のひとりが撃たれ、車両は炎上した。それでも残った砲班員は砲側にとどまり、消火作業を続けながら、敵と撃ち合ったのだ」

　米第1歩兵師団の第16および第18歩兵連隊から派出された2個カノン砲中隊は、エル・ゲタール近くでドイツ第10機甲師団の猛攻を、第601戦車駆逐大隊のM3戦車駆逐車とともに防ぎこれを撃退した。さらに、1943年6月、シシリー島のゲラで「ヘルマン・ゲーリング」戦車師団の突進を阻止した功績を讃えて、第16歩兵連隊のカノン砲

1967年の第三次中東戦争で、イスラエルは大量のM3とM5ハーフトラックを動員した。そのほとんどが何らかの手直しを受けていたが、中には写真のM3A1ハーフトラックのように、ほとんどオリジナルのままといった車両もあった。
（Israeli Government Press Office）

中隊には大統領より部隊感状が授与された。中隊は6両の敵戦車を破壊し攻勢を頓挫させたのである。自走榴弾砲は戦車との正面きっての交戦を意図して開発された訳ではなかったが、少なくとも1両のT19がゲラ近くでティーガーと撃ち合って撃破されている。1944年を通じて少数のT19がイタリア戦線で戦い続けた。知りうる限り、レンド・リース供与で外国軍に送られたT19は無い。

M13・M16自走高射砲
M13-M16 Multiple Gun Motor Carriage

　米軍機甲縦列を守る対空戦闘車両を求める声はずっと以前からあったのだが、1940年10月にようやく開発が始められた。最初の開発兵器は、ベンディックス製の航空機用双連.50口径機関銃塔を非装甲のジープに搭載したものを手本に、M2ハーフトラックへと銃塔を搭載したT1であった。のちに再設計されたT1E1も含めてその性能は満足のゆくものではなく、1941年11月には、W・L・マクソン社が車両用に専用設計したM33銃塔と、マーチン製航空機用銃塔とを使って、新たな開発作業が開始された。マクソン製のM33銃塔は、上部開放式の装甲シェル内に配置された兵員1名により操作された。銃塔後部には独立式の発電機が設けられたため、ハーフトラックのエンジンを動かさずとも電動式に銃塔の旋回と銃架の俯仰操作が可能であった。M2ハーフトラックをベースとした初期試作車は、T1E2（マクソン銃塔）とT1E3（マーチン銃塔）としてそれぞれ認定された。試験を開始してすぐに、M3ハーフトラックをベース車両に使用した方が、弾薬搭載スペースが広くとれてより実用的であることが理解された。そこで、成功を見込まれたマクソン銃塔が、M3ハーフトラックに搭載されてT1E4となった。結局、1942年7月27日にT1E4に対して量産の認可が下り、M13自走高射砲（M13 MGMC。M3ハーフトラックがベース）およびM14自走高射砲（M14 MGMC。M5ハーフトラックがベース）として制式化された。1943年5月までに、総計で1103両のM13自走高射砲と1600両のM14自走高射砲が生産された。M14自走高射砲は英軍専用とみなされて

イスラエルの生んだ改造型の成功作のひとつはTMC-20自走高射砲である。これは旧式のマクソン銃塔に20mm機関砲2門を装備したものであった。この車両は普通、M16自走高射砲からではなくM3ハーフトラックから改造されたので、戦闘区画壁面の上部が折り畳み式とはなっていない。（US Army）

イスラエルのハーフトラックで最も重武装なのは、ベルギーのメカール90mm滑腔対戦車砲を装備したものである。1967年の第三次中東戦争では対戦車部隊に配備されて戦った。
(Israeli Government Press Office)

いたが、英軍の対空兵器の要求に適っていなかったために、大半が再改造されて兵員輸送車に戻された。一部のM13自走高射砲だけが、イタリアで戦った米軍に装備された。
　M13とM14自走高射砲は兵器としては成功作と判定されたが、さらにマクソン銃塔に、わずかな手直しだけで .50口径重機関銃4挺を装備可能としたT61銃架が開発された。T61銃塔はきわめて好評で、1942年11月にはM45銃架として制式となった。M45銃塔をM3ハーフトラックと組み合わせたものはM16自走高射砲、M5ハーフトラックと組み合わせたものはM17自走高射砲とされた。M16自走高射砲の生産は1943年5月、M17自走高射砲の生産は同年12月に開始された。1000両が作られたM17自走高射砲は、すべてソ連に供与された。また、総計568両のM13自走高射砲が、部隊配備前にM16仕様へと改修されている。さらに、米陸軍は海軍の使う20mmエリコン機関砲に興味を持ち、マクソン銃塔に装備可能であるか検討することにした。テストはM2とM3ハーフトラックをベースとして実施された。1944年3月には、T10自走高射砲として量産認可が下り、110両が生産された。しかし継続テストによって、埃まみれの野戦環境下では機関砲に作動不良の頻発することが判明した。そのため1944年12月には、109両のT10自走高射砲がM16自走高射砲仕様へと改修されてしまい、T10が部隊に支給されることは無かったのである。一方、正規の工場生産品に加えて、M45の牽引トレーラー式銃架型を改造してマクソン銃塔をM2/M3ハーフトラックへと移設した、即製改造ものが現地部隊で作られたりもしている。
　1944年時点では、各機甲師団は1個対空砲兵中隊をもち、M16自走高射砲8両とM15自走高射砲8両を装備していた。歩兵師団にはM45マクソン銃塔の牽引バージョンであるM51が配備された。加えて、軍および軍団直轄部隊として対空砲兵大隊がおかれ、M16自走高射砲32両とM15自走高射砲32両が装備され、橋梁、司令部、鉄道

連接点といった価値の高い施設の防備にあたった。しかし、すでに米英空軍との航空戦でドイツ空軍は大損害を喫していたことから、自走高射砲の対空戦闘機会はほとんど発生しなかった。その結果、地上戦闘の火力支援に駆り出されることが多くなり、「ミート・チョッパー（肉切り包丁）」という不気味なニックネームを頂戴することになった。M16自走高射砲が対空戦闘に華々しく活躍した数少ない戦例には、1945年のレマゲン鉄橋を巡る防御戦闘がある。

　おもしろいことに、M16自走高射砲は、1947年に用廃とならなかったM3シリーズの派生型の一つである。しかも戦後、数多くのM3ハーフトラックがスクラップ行きを逃れて、逆に改造されてM16A1自走高射砲となっているのである。M16A1自走高射砲は量産車と違い、戦闘室後面上部の折りたたみ式装甲フラップがない。そのため、装甲板上辺をクリアーするために、M45銃塔は一段高い位置に設置された。また戦後仕様のM16/M16A1自走高射砲には、弾薬装填手を防護するための「バットウィング（コウモリの翼）」形の装甲板が、マクソン銃塔の左右に追加された。M16自走高射砲は朝鮮戦争では米陸軍に多用され、もっぱら共産軍の人海歩兵突撃を阻止するのに使われた。新型の双連40mm機関砲を装備するM42ダスター自走高射砲によって更新されたのちも、M16自走高射砲は1960年代に入っても州兵部隊で使われ続けた。1967年のニューアーク暴動[訳注11]にも、州兵装備の数両が出動している。

　第二次大戦中にはM16自走高射砲の海外供与は制限され、わずかに研究用として2両（およびM13自走高射砲10両）がイギリスに送られ、70両が自由フランス軍に引き渡されたにとどまる。しかし、戦後はその多くが余剰兵器となったために、徐々にNATO諸国その他のアメリカの友好国に譲り渡されていった。イスラエルは、イスパノ＝スイザ製HS404型20mm機関砲をマクソン銃塔に搭載し、自国版のT10自走高射砲であるTCM-20自走高射砲を完成させた。1973年の第四次中東戦争では、TCM-20自走高射砲はイスラエルの野戦防空部隊が挙げた撃墜戦果の6割にあたる26機を撃墜している。イスラエル軍がM163バルカン自走高射砲（VADS）を採用したのちも、TCM-20自走高射砲は1980年代を通じて予備役部隊に残った。

M15自走高射砲
M15 Combination Gun Motor Carriage

　対空火器として機関銃が機関砲に優る利点とは何なのか。兵器選定を巡る熱い論争が米軍内で1941年に巻き起こった。同年9月、兵器局はT28自走高射砲の開発に着手した。これは兵員区画側後壁を撤去したM2ハーフトラックに、2挺の.50口径ブローニング重機関銃に挟まれたM1A2型37mm機関砲を搭載したものであった。この複合砲架のアイデアは、機関銃から放たれた曳光弾（トレーサー）の飛跡によって対空砲を目標航空機へと指向し、曳光弾が命中し始めた時点で37mm砲を発射し撃墜を確実にするというものであった。しかし当時、防空兵器の開発を管轄していた沿岸砲兵委員会は、.50口径重機関銃4挺を備えたT37多連装銃架システムの方を気に入った。このため1942年4月にT28自走高射砲計画はキャンセルとなった。ところが6月中旬になって機甲本部は、準備段階に入った北アフリカ作戦に備えて、部隊に機動防空システムを提供するための緊急開発計画の完成を要求した。そこでT28案は復活となり、複合砲架は車体の長いM3ハーフトラックに搭載されることになった。8月末までに臨時制式を得て80両のT28E1が完成し、チュニジア派遣の米軍に配備されて1943年まで戦った。複合砲架システムは陸軍のもつ数少ない有効な防空兵器であることを実証し、3カ月の間に78機を撃墜する戦果を挙げた。カセリーヌ峠の戦いでは、ドイツ機39機撃墜を報告し

訳注11：1967年7月、ニュージャージー州ニューアークで黒人と警察・軍隊が衝突、26人が死亡した大暴動事件。

イスラエル軍はフランス製のSS.11有線誘導対戦車ミサイルをジープやハーフトラックに搭載して戦った。写真の自走対戦車ミサイルは、1963年のテル・アビブでのパレードで撮影されたもの。SS.11は第一世代対戦車ミサイルに属するもので、1970年代に入ってアメリカ製のTOW対戦車ミサイルの配備が始まるとともに用廃となった。(Israeli Government Press Office)

ているが。そのほとんどはJu87シュトゥーカ急降下爆撃機であった。最初の一群の曳光弾に見舞われた際に、ドイツ軍パイロットはしばしば敵地上砲火は短射程の機関銃であると誤認したようで、その心の隙を37mm機関砲弾が襲ったのである。

北アフリカにおけるT28E1自走高射砲の成功に気を良くして、米陸軍は同自走砲に代替制式を与えてM15自走高射砲とし、1943年2月に生産を再開した。T28E1自走高射砲でもっとも不評であったのは、砲操作員に装甲防護が与えられていないことであった。そのため単純な箱形の防盾が、生産再開前に完成された。1943年2月から4月にかけて680両のM15自走高射砲が生産された。しかし新型砲架と車載装備の追加による重量増加で、M3ハーフトラックのシャシーは限界に達しており故障が多発した。そのためM15には、新型のM3A1銃架の採用も含めた改修が加えられた。改良型はM15A1自走高射砲として認定され、1943年9月に量産が認められた。M15A1は1943年10月から1944年2月にかけて1652両が生産され、ファミリー中で最も知られた車両となった。その量産のまっただ中に部隊から、新型銃架は運転席の誤射事故を誘発する設計になっているとのクレームの声があがった。そこで生産の途中分から誤射防止のガードレールが装着されるようになった。さらに改修キットが用意され、すでに配備済みの車両に対しても野戦修理デポでの装着がおこなわれている。

前述したように、M15/M15A1自走高射砲はM16とともに、対空砲兵中隊や対空砲兵大隊に装備された。M16と同様、1944年から45年にかけてのフランスおよびドイツの戦場ではドイツ空軍の活動が衰退していたために、M15も頻繁に地上戦闘の火力支援に猛威を振るった。レンド・リース供与に回されたのはわずかに100両だけで、すべてソ連へと送られた。M16と同じく、M15A1も第二次大戦後に米陸軍に残り、朝鮮戦争で使用された。戦争後は多くのM15A1が軍事支援プログラム(MAP)に従い、日本を

イスラエルでのハーフトラックの応用例の最後となるものは、120mm迫撃砲を搭載した自走迫撃砲である。写真は1966年7月の演習で撮影されたもの。イスラエル軍ではM3 Mk.Dと呼称されたが、実際にはM5やM9ハーフトラックを改造ベースとしている。
（Israeli Government Press Office）

　初めとする友好国へと供与されている。
　高名なボフォース40mm機関砲を、ハーフトラックに車載しようという試みは何度となくおこなわれた。最初の試みは1941年6月、マック製T3ハーフトラックを使用してのもので、他のすべての対空ハーフトラックに先駆けるものとなった。この試みは失敗に終わり、M3ハーフトラックをシャシーとする方向へと切り替えられた。その最初の開発計画は、1942年に着手されたT54であった。さまざまな銃架方式が試され、T54E1、T58、T59E1、T60、T60E1、T68が作られた。そのほぼすべてについて、砲と砲架が重すぎ、発射反動がきつすぎるとの評価が出てしまった。ついには1943年7月22日、M24軽戦車をベースとしたT65自走高射砲の開発に努力を傾注することが決まり、すべての計画はキャンセルとなった。なお、T65は大戦末にM19自走高射砲として完成している。
　兵器局によるボフォース40mm機関砲のハーフトラック車載化は失敗したものの、野戦部隊では事はうまく進んだ。オーストラリアのブリスベーン近郊にあったクーパーズ・プレインズ第99兵器デポは、M15自走高射砲を基にした1両を手始めとして、多くの改造車両を送り出した。これらは第209対空砲兵大隊に支給され、1944～45年にかけてフィリピンのルソン島で使用された。兵器局を悩ませた発射反動の大きさは、戦地改修の40mm自走砲では問題とされなかった。これらの自走砲はもっぱら地上戦闘の火力支援に用いられたため、精密射撃を要求される対空射撃とは要求が異なっていたのである。驚くべきことに、改修自走砲の一部は戦後スクラップになることを免れ、朝鮮戦争に参陣している。

M4自走迫撃砲
M4 Mortar Motor Carriage

　M4・81mm自走迫撃砲（M4MMG）は、M3ハーフトラックの派生車両として最初に完成し、1940年10月に制式化された。M1型81mm迫撃砲1門と迫撃砲弾126発を運搬することを考えていただけなので、改造は簡単であった。射撃は迫撃砲を地面に降してからおこなうとされていたのだが、緊急時における車上から後方への射撃を可能とするために、底盤の固定具が設けられていた。1942年10月までに総計572両が生産された。

　自走迫撃砲は、機甲歩兵および戦車大隊の本部中隊に4両が配備された。しかし機甲部隊は、自走迫撃砲の車上射撃に制約があることに不満をもち、これをあまり使おうとしなかった。兵器局はすでに1942年10月には、M3ハーフトラックのシャシーに迫撃砲を搭載するT19自走迫撃砲の開発に着手していたが、いまだ量産段階に達していなかった。そこで、車上からの迫撃砲射撃を安全かつ恒常的におこなえるように、現行自走迫撃砲の改良が計画された。迫撃砲の発射衝撃による金属疲労に耐えられるようシャシーは強化され、方向射界を拡げるために底盤の固定方法が改良された。M4A1自走迫撃砲として認定されたこの改良型は、1943年5月から10月にかけて総計600両が作られた。大量の自走迫撃砲が作られたことで、同兵器への需要は一気に減少した。M3ハーフトラックをベースとした新型のT19自走迫撃砲は、1943年7月に開発試験を完了し、M21・81mm自走迫撃砲として制式化された。M21の最大の改良点は、車上から迫撃砲を前方に向けて射撃できることにあった。だが場つなぎの中間策であったM4A1自走迫撃砲の量産により陸軍の要求は充たされてしまったために、M21は1944年1月から3月にかけてわずか110両が生産されたにとどまっている。この内、54両は自由フランス軍に支給された。なお、レンド・リース供与に回された自走迫撃砲は皆無である。1970年代に、イスラエル軍はM3ハーフトラックを改造して120mm・ソルタム迫撃砲を搭載した自走迫撃砲を作っている。

カラー・イラスト解説 color plate commentary

**図版A1：M3装甲兵員輸送車　米第1機甲師団
チュニジア　1943年2月**

　1942年当時の米陸軍機甲部隊の車両は、通常のホワイトの星マークに替えてイエローの星マークを描いていた。図示された以外にも、車体後部ドアとボンネット上面中央にも描かれていたはずである。車両ナンバーはブルードラブで描くことが公式に定められていたが、多くの部隊がホワイトで上書きをしていた。この方が、毎日の整備記録を付ける際にナンバーが読みやすかったからである。1943年2月から3月にかけてのチュニジアでの作戦間、陸軍標準の塗装色ANA613オリーヴドラブ（FS#34087）では現地の地勢にまったく適合しなかった。そのため、第1機甲師団では、現地の泥を水で薄めてモップやブラシで車体に塗りたくる応急の措置がとられた。見た目は悪かったものの、その迷彩効果は上々であった。イラストの車両では、ドアの下辺に沿って書かれていた車両名が、泥で塗りつぶされてしまっている。

**図版A2：M3装甲兵員輸送車
ドイツ・アフリカ軍団鹵獲車
チュニジア　1943年3月**

　1943年2月のシジブジとカセリーヌ峠の戦闘で、ドイツ・アフリカ軍団は米軍、とりわけ第1機甲師団所属のハーフトラックを数多く無傷のまま鹵獲した。車両の不足していたドイツ軍は、さっそくこれらを自軍の装備として取り込んだ。イラストのM3は野戦救急車として利用中のものである。車体側面には米軍のイエローの星マーク（数字の2は戦術番号）が残されているが、ドイツ軍は細い白ふち付きの赤十字マークを書き足し、右フェンダーに赤十字旗を掲げている。通常、ドイツ軍は、鹵獲車両には大きなホワイトの十字を描いて識別とするのだが、この車両の場合は赤十字マークで十分と考えられたのであろう。車両の基本塗装は米軍のオリーヴドラブである。車両ニックネームは「ムーンライト」とされている。米軍車両は通常、頭文字が中隊のアルファベット名で始まるニックネームを車両に付けるものである。この不可思議な名前は、元々が米軍の衛生小隊の装備車であったことを示しているのかもしれない。

**図版B：T30・75mm自走榴弾砲
米第2機甲師団第82偵察連隊
シシリー島　1943年6月**

　シシリー島進攻「ハスキー」作戦に先立って、米軍のマーキングシステムに変更が加えられ、迷彩パターンに関する一連の指示書が交付された。それによればオリーヴドラブの地に、ANA612アースレッド（FS#30117）で、もしくはANA305アースイエロー（FS#30257）で大きなパターンを描くこととされていた。第2機甲師団所属車の場合には、アースイエローが選ばれ太い帯状にスプレーで上塗り塗装された。チュニジア戦の経験で、米軍のホワイトの星マークが遠距離においてドイツ軍の十字マークと誤認されることが判明した。この誤認を避けるために、各部隊は星マークの周りにホワイトのリングを追加するよう指示された。星マークは車体側面、装甲ラジエーターカバー、ボンネット上面、車体後部中央に描かれた。イラストの車両は、バンパーコード「3△82R」（向かって左前側）と「C-28」（向かって右前側）となっている。リアバンパーにも同様のコードが記入されている。またC中隊所属に適したニックネームがつけられている。

**図版C：M3A1兵員輸送車
米第2機甲師団第41機甲歩兵連隊
ノルマンディ　1944年6月**

　サン・ローにおけるノルマンディ橋頭堡からの戦線突破を企図した「コブラ」作戦の準備期間中、米第2機甲師団はその戦闘車両に対し、オリーヴドラブの地色の上にアースブラウン（FS#30099）の迷彩をスプレー塗装するよう命じた。イラストの車両の部隊では、ボンネット上面と装甲ラジエーターカバーのものだけを残して星マークは塗りつぶされている。側面と後面には、中隊名と号車ナンバーが認識しやすいように大きなブロック体で描かれている。Daring（大胆不敵の意）のニックネームは、中隊名を頭文字にして名前をつけるというルールに則った一例である。

**図版D：M3・75mm戦車駆逐車
米第601戦車駆逐大隊　チュニジア
エル・ゲタール　1943年3月**

　イラストのM3・75mm戦車駆逐車は、チュニジア作戦を戦った他の米軍装甲車両と同様に、オリーヴドラブの塗装の上に泥による不規則なパターンの迷彩を施している。第601戦車駆逐大隊は、イエローのボックスをYの字で分割しその一部に中隊名を記した独自の戦術マークを採用していた。

　イラストのカットアウェイ図は、M3・75mm戦車駆逐車の特徴を示している。車両の前半部分は兵員輸送型とほぼ同じであるが、細かな部分には手が入れられている。操縦区画前面の装甲バイザーは砲が俯角をとるためにボンネット上に畳まれるようになっている（兵員輸送型では持ち上げてひさしにする）。操縦区画のシートは操縦手と砲班長用の2座席だけで、砲架と干渉するために中央シートは撤去されている。2個の主燃料タンクは操縦区画直背から戦闘室後部隅へと移されている。

　M1897A4型75mmカノン砲は、シャシーフレームにボルト結合された車両中心の鋼製箱型の台座に据えられた。台座の内側には即用弾薬19発が収められている。M3砲架には大型の装甲防盾が装着され（前面16mm、側・上面6mm）、砲とともに旋回する。方向射界は左19度、右21度で、上下射界は－10度から+20度である。

同戦車駆逐車の戦闘室床は、弾薬を収納するために兵員輸送型よりも一段高くされていた。砲後方床下の2カ所の弾薬庫に40発までを収納可能である。砲弾は通常、ボール紙製の輸送用チューブに入れたまま弾庫に収められた。床下弾庫は湿気や埃から弾薬を守る構造となっていなかったからである。他の3名の砲班員用の座席は後部におかれ、後部左右にそれぞれ1座席と後部ドアに背もたれ用クッションごと装着された1座席が設けられている。後の生産型では、.50口径（12.7mm）ブローニング重機関銃用の銃架が対空用として追加されている。

戦闘中、乗員は全員が戦闘室内に位置した。砲口爆風が強烈なため、操縦手は操縦区画にはとどまれなかった。自衛火器としては、M1型 .30口径（7.62mm）カービン銃1挺とM1903型スプリングフィールド・ライフル4挺が搭載された。加えて、手榴弾22個が収納箱に収められている。

図版E：M3・75mm戦車駆逐車
米第2海兵師団特殊兵器中隊
テニアン　1944年7月

米海兵隊の自走砲架（SPM）には、頻繁に迷彩が施された。これは現地部隊の発案によるものであり、とくに決まった規定があるわけではない。イラストの車両はオリーヴドラブ地にアースイエローのパターンを上塗りしている。海兵隊の装備車が星マークを描いていることはほとんど無い。戦術マークに関しても同様である。

図版F：TCM-20対空自走砲
イスラエル陸軍対空中隊　レバノン　1982年

1982年のレバノン進攻作戦で、北部戦域で戦ったイスラエル軍車両は、サンドイエローから、レバント付近の地勢に適したより暗めのダークドラブに塗り替えられた。1973年の第四次中東戦争時のイスラエル軍は確立したマーキングシステムをもっていたが、レバノン侵攻時にはあふれるほどの車外装備品に隠されてしまうことから、マーキングに大した注意は払われなくなっていた。イラストの車両の使用するマーキングは、アメリカ式のオレンジ色の航空識別パネルだけである。米軍におけると同様、識別色は定期的に変更されて、敵が偽装することを防いでいる。

図版G1：M5装甲兵員輸送車
イスラエル陸軍ネゲブ旅団第82戦車大隊
1948年12月

この車両は余剰兵器のインターナショナル・ハーベスター製M5ハーフトラックを改造して戦車駆逐車としたもので、1948年当時、創設間もなく装甲兵器の不足していたイスラエル軍にとって苦肉の策であった。改造は6ポンド対戦車砲の下部砲架を取り払って、ハーフトラックの戦闘室に載せただけのものである。操縦区画には装甲天井が設けられ、装甲バイザー右側にはドイツ製のMG-34機関銃用のボールマウント式銃架が装着された。戦術マーキングは、旅団マーク、3本の前向き矢印、大隊マーク、戦術ナンバーとそれに続く斜線マークで構成されている。車両番号の「3282」は、おそらく第82戦車大隊の32番目の車両を表しているのだろう。塗装色はオリジナルのオリーヴドラブ、マーキングはホワイトで描かれている。

図版G2：M3（M13）装甲兵員輸送車
韓国陸軍憲兵隊　韓国　ソウル　1985年

韓国陸軍は1949年からM3ハーフトラックと派生車であるM13とM16自走高射砲を使用していた。近年になって、正規軍部隊ではKIFV歩兵戦闘車による更新が進んでいる。いまだに残るハーフトラックは、憲兵隊といった補助部隊に配備されている。イラストの車両は、M13自走高射砲から銃塔と弾薬庫を撤去してM3ハーフトラックに戻したもので、側面装甲板上部が折りたたみ式になっているのが、その名残である。憲兵隊車両は太いホワイトの帯を側面に描いており（後面には無い）、さらに両側面には、星マークと韓国語による憲兵隊の表示がなされている。塗装はオリーヴドラブ地にライトサンドの雲形迷彩。

◎訳者紹介 | 三貴雅智（みきまさとも）

1960年新潟県新潟市生まれ。立教大学法学部卒。超硬工具メーカー勤務を経て『戦車マガジン』誌編集長を努めたのち、現在は軍事関係書籍の編集、翻訳、著述など多彩に活躍。著書として『ナチスドイツの映像戦略』、訳書に『武装SS戦場写真集』『チャーチル歩兵戦車1941-1951』『マチルダ歩兵戦車 1938-1945』『クルセーダー巡航戦車 1939-1945』などがあり、ビデオ『対戦車戦』の字幕翻訳も担当。『SS第12戦車師団史・ヒットラーユーゲント（上・下）』『鉄十字の騎士』の監修も務める。また、『アーマーモデリング』誌の英国AFV模型製作の連載記事「プラボーブリティッシュタンクス」の翻訳を担当している。（いずれも小社刊）

オスプレイ・ミリタリー・シリーズ
世界の戦車イラストレイテッド　32

**M3 ハーフトラック
1940-1973**

発行日	2005年4月9日　初版第1刷
著者	スティーヴン・ザロガ
訳者	三貴雅智
発行者	小川光二
発行所	株式会社大日本絵画 〒101-0054　東京都千代田区神田錦町1丁目7番地 電話：03-3294-7861 http：//www.kaiga.co.jp
編集	株式会社アートボックス http：//www.modelkasten.com/
装幀・デザイン	関口八重子
印刷/製本	大日本印刷株式会社

©1994 Osprey Publishing Limited
Printed in Japan
ISBN4-499-22873-5　C0076

M3 Infantry Half-Track 1940-73
Steven J Zaloga

First Published In Great Britain in 1994,
by Osprey Publishing Ltd, Elms Court,
Chapel Way, Botley Oxford, Ox2 9Lp.
All Rights Reserved.
Japanese language translation
©2005 Dainippon Kaiga Co., Ltd